大迫力！

世界の

UMA未確認生物大百科

天野ミチヒロ
監修

西東社

UMAとは

　生物学的に確認されていないものを未確認生物という。それを英語に訳したUnidentified Mysterious Animalの頭文字をとったよび方がUMAだ。100年以上前から、世界中で目撃情報が報告されている。そのすがたはそれぞれのUMAによって異なり、恐竜のようなすがたや、空想の生物に近いすがたをしたものまでいる。そんな存在だからこそ、多くの人がUMAを研究し調査している。その結果や情報を紹介するのがこの本だ。

なぜ正体がわからないのか

　UMAの正体がわからない理由はいくつかある。詳しい調査が行われる前に絶滅してしまっていたり、何かほかの生物を見まちがえた、そもそも目撃証言が嘘だったということももちろん考えられる。地球上にはまだ人間が入ったことがない場所がいくつもある。UMAたちの多くが人の住む場所から離れたところに生息する。科学技術が進歩し、調査がつづけられる限り、いつかこの本で紹介しているUMAたちも正式な動物として認められる日がおとずれるだろう。

宇宙人もUMA？

UMAの中には、その正体が宇宙人なのではと噂されるものたちがいる。しかし、宇宙人とUMAは別のものである。目撃情報がある、正体が不明という共通点こそあるが、UMAは地球のどこかに生息する動物と同じ生物、宇宙人は宇宙のどこからかやってきた、人間のような、またはそれ以上の知能をもつ生物と考えられているからだ。

未確認動物学

UMAは、本当かどうか怪しいもの、いわゆるオカルトの分野と一緒にされがちだが、未確認動物学という科学の分野として研究されている。UMAの目撃情報や、生息地といわれる場所を科学的に調べることが主な研究方法だ。そうすることで、その存在の真偽を確かめるとともに、生物としての進化やほかの新種の生物がいないかなど、新たな発見につながることもある。どんな科学の分野でも大切なのは探し求める気持ち、「探究心」だ。ぜひその気持ちをもちながら、この本を読んでほしい。

もくじ

◆ UMA（ユーマ）のなぞを探（さぐ）れ！ ——— 2

◆ UMA（ユーマ）リスト ——— 10

◆ 本の見方 ——— 12

一章 陸獣（りくじゅう）　　　13

◆ ジャージー・デビル — 14

◆ マピングアリ ——— 16

◆ スクヴェイダー ——— 18

◆ ビッグバード ——— 20

◆ サンドドラゴン ——— 24

◆ ヤマピカリャー ——— 26

◆ カーバンクル ——— 28

◆ 翼（つばさ）ネコ ——— 29

◆ ゴウロウ ——— 30

◆ オリチアウ ——— 32

◆ ナンディベア ——— 34

- ドアル・クー ——— 40
- ローペン ——— 42
- ツチノコ ——— 44
- グローツラング ——— 48
- エイリアン・ビッグ・キャット ——— 50
- コンガマトー ——— 52
- イノゴン ——— 53
- ジーナ・フォイロ —— 54
- ジャッカロープ ——— 56
- ジェヴォーダンの獣 —— 58

- タギュア・タギュア・ラグーン ——— 62
- 野生のハギス —— 64
- フライングホース — 65
- エメラ・ントゥカ —— 66
- チリの翼竜型UMA — 68
- タッツェルヴルム — 70

二章 人獣

75

- オウルマン ——— 76
- スカンクエイプ ——— 78
- イエティ ——— 80

- オラン・イカン ——— 84
- ヒツジ男 ——— 86
- モノス ——— 88

- ◆ リザードマン ― 92
- ◆ ヨーウィ ― 94
- ◆ ビッグフット ― 98
- ◆ ヒバゴン ― 102
- ◆ ミシガンドッグマン ― 104
- ◆ バウォコジ ― 106
- ◆ フロッグマン ― 107
- ◆ アスワン ― 108
- ◆ バヒア・ビースト ― 110
- ◆ テティス湖の半魚人 ― 112
- ◆ フォウク・モンスター ― 116
- ◆ 野人 ― 118
- ◆ モンキーマン ― 120
- ◆ アルマス ― 124
- ◆ ハニー・スワンプ・モンスター ― 126

三章 水獣 129

- ジャノ —— 130
- ニンキナンカ —— 132
- シーサーペント —— 134
- チャンプ —— 138
- トランコ —— 140
- セルマ —— 142
- ナーガ —— 144
- ミゴー —— 148
- ストーシー —— 149
- ナウエリート —— 150
- ルスカ —— 152
- ナミタロウ —— 154
- インカニヤンバ —— 158
- キャディ —— 160
- ネッシー —— 162
- オゴポゴ —— 168
- クッシー —— 170
- イッシー —— 172

◆ ペイステ ──── 182

◆ ハイール湖の怪獣 ─ 184

◆ メンフレ ──── 188

◆ カバゴン ──── 173

◆ 南極ゴジラ ──── 190

◆ スクリムスル ── 174

◆ ニューネッシー ── 191

◆ クラーケン ──── 176

◆ モーゴウル ──── 192

◆ ニンポー ──── 180

◆ モケーレ・ムベンベ─ 194

四章 異獣

199

◆ トヨール ──── 200

◆ 太歳 ──── 216

◆ スカイフィッシュ ─ 202

◆ ナイト・クローラー ─ 218

◆ グロブスター ── 204

◆ ベーヒアル ──── 220

◆ ミニョコン ──── 208

◆ ンデンデキ ──── 210

◆ フラットウッズ・モンスター ─ 212

- ◆ チュパカブラ ——————— 222
- ◆ チバ・フーフィー ——————— 226
- ◆ コンリット ——————— 228
- ◆ フライングワーム ——————— 232
- ◆ モスマン ——————— 234
- ◆ フライングヒューマノイド ——————— 236
- ◆ ライトビーイング ——————— 237
- ◆ シャドーピープル ——————— 238
- ◆ ニンゲン ——————— 240
- ◆ ドーバー・デーモン ——————— 244
- ◆ エクスプローディング・スネーク — 246
- ◆ ヒューマノイド型UMA ——————— 248
- ◆ モンゴリアン・デス・ワーム ——————— 250

- ◆ 危険なUMAランキング —— 38
- ◆ 未開の地 —— 74
- ◆ 大きいUMAランキング —— 96
- ◆ 生命の進化 —— 128
- ◆ UMAだった生物 —— 166
- ◆ 深海の謎 —— 198
- ◆ 日本のUMAは妖怪? —— 230
- ◆ UMA生息マップ —— 254

UMA リスト（50音順）

あ

アスワン	108	エクスプローディング・スネーク	246
アルマス	124	エメラ・ントゥカ	66
イエティ	80	オウルマン	76
イッシー	172	オゴポゴ	168
イノゴン	53	オラン・イカン	84
インカニヤンバ	158	オリチアウ	32
エイリアン・ビッグ・キャット	50		

か

カーバンクル	28	グローツラング	48
カバゴン	173	グロブスター	204
キャディ	160	ゴウロウ	30
クッシー	170	コンガマトー	52
クラーケン	176	コンリット	228

さ

サンドドラゴン	24	ジャノ	130
シーサーペント	134	スカイフィッシュ	202
ジーナ・フォイロ	54	スカンクエイプ	78
ジェヴォーダンの獣	58	スクヴェイダー	18
ジャージー・デビル	14	スクリムスル	174
ジャッカロープ	56	ストーシー	149
シャドーピープル	238	セルマ	142

た

太蔵	216	翼ネコ	29
タギュア・タギュア・ラグーン	62	ツチノコ	44
タッツェルヴルム	70	テティス湖の半魚人	112
チバ・フーフィー	226	ドアル・クー	40
チャンプ	138	ドーバー・デーモン	244
チュパカブラ	222	トヨール	200
チリの翼竜型 UMA	68	トランコ	140

な

ナーガ	144	ニューネッシー	191
ナイト・クローラー	218	ニンキナンカ	132
ナウエリート	150	ニンゲン	240
ナミタロウ	154	ニンポー	180
南極ゴジラ	190	ネッシー	162
ナンディベア	34		

は

ハイール湖の怪獣	184	フォウク・モンスター	116
バウォコジ	106	フライングヒューマノイド	236
ハニー・スワンプ・モンスター	126	フライングホース	65
バヒア・ビースト	110	フライングワーム	232
ビッグバード	20	フラットウッズ・モンスター	212
ビッグフット	98	フロッグマン	107
ヒツジ男	86	ペイステ	182
ヒバゴン	102	ベーヒアル	220
ヒューマノイド型 UMA	248		

ま

マピングアリ	16	モーゴウル	192
ミゴー	148	モスマン	234
ミシガンドッグマン	104	モノス	88
ミニョコン	208	モンキーマン	120
モケーレ・ムベンベ	194	モンゴリアン・デス・ワーム	250
メンフレ	188		

や

野生のハギス	64	ヤマピカリャー	26
野人	118	ヨーウィ	94

ら・ん

ライトビーイング	237	ローペン	42
リザードマン	92	ンデンデキ	210
ルスカ	152		

本の見方

UMAの絵
UMAの代表的なすがたが描かれている

解説
UMAの特徴や目撃情報などを紹介

UMA事件簿
目撃証言をもとにUMAが現れた状況や関連資料を紹介

UMAの名前

UMAデータ

- **レア度**：UMAのめずらしさを3つの★であらわしている。★の数が多いほどめずらしい
- **大きさ**：UMAがどれくらいの大きさなのか
- **すがた**：UMAがどんなすがたをしているのか
- **特徴**：UMAの能力や、ほかの動物や人間に対して何をするのか
- **国・地域**：UMAが目撃された主な地域
- **場所**：UMAの住む場所や現れる主な場所
- **仮説**：UMAの正体について有力な説

陸獣
りく　じゅう

陸上で生活したり、空を飛んだりする生物は、人間に発見されやすい。しかし、人間の目の届かない場所にひっそりと生息しているUMAもいるという。

UMAデータ

レア度	★★
大きさ	1〜1.8m
場所	街、農場
すがた	ウマやシカなどに似た頭。背中にはつばさをもつ
特徴	すばやい動きで自由に空を飛びまわる
国・地域	アメリカ
仮説	翼竜の生きのこり、ウマヅラコウモリ

ジャージー・デビル

空を自由に飛びまわる！　動物？悪魔？

　「ジャージー・デビル」はさまざまな動物が合体したすがたをもつ。頭はウマ、シカまたはヒツジのような形で、目は真っ赤。背中にコウモリのようなつばさ、尻には細長いしっぽがある。
　空を自由に飛び、鋭いツメや歯で家畜や人間をおそう。ニュージャージー州を中心にアメリカ各地で200年以上前から目撃されており、農場でイヌを殺すなどの事件が報告されている。1999年には「ザ・デビル・ハンター」とよばれる調査チームが結成され、女性の叫び声をさらにかん高くしたような鳴き声の録音に成功した。
　「ジャージー・デビル」はアメリカのニュージャージー州で生まれた赤ちゃんが、母親がつぶやいた呪いの言葉により悪魔に変身したものだといういい伝えがある。また、いまから約6600万年以上前の翼竜の生きのこり説や、アフリカのウマヅラコウモリ説もあるが、真相は明らかになっていない。

UMA事件簿
ウマヅラコウモリの剥製。目撃証言の特徴から「ジャージー・デビル」はこの生物が巨大化した可能性がある。

マピングアリ

家畜の舌を引っこぬく！南米の二足歩行獣

南米の「ビッグ・フット」（→P98）ともよばれるのが「マピングアリ」だ。主にアマゾン一帯で目撃されている。大きさはクマと同じぐらいで、手足には長くて大きなツメがある。このツメで家畜をおそい、舌を引っこぬくという、とても凶暴な生物だ。

目撃情報によれば、全身が黒や茶色の毛でおおわれているという。

「マピングアリ」の正体は未発見の類人猿という意見が有力だ。一方で、オオナマケモノの生きのこりとする人もいる。そのひとりが動物学者のデビッド・オーレン博士で、博士は「絶滅したオオナマケモノの一種が南米に生息しているかもしれない」とニューヨークタイムズ紙に語った。

博士の意見が「マピングアリ」の正体として一般的な説になりつつあるが、目撃されたアマゾン一帯は未開の地も多く、未発見の類人猿がいる可能性も十分に考えられ、今後の調査が期待されている。

UMAデータ

レア度 ★★★		特徴 大きく長いツメで獲物をおそう
大きさ 1〜2m	場所 森	
すがた 体中が黒や茶色の毛でおおわれている		国・地域 ブラジル
		仮説 未発見の類人猿

16

一章

UMA事件簿

オーレン博士の証言から「マピングアリ」は古代生物メガテリウムが進化したものだと考えられている。

UMA事件簿

「スクヴェイダー」がいるとされるスウェーデン、スンツヴァルの景色。これほど広大な土地にはまだ見ぬ生物がいても不思議ではない。

スクヴェイダー

ノウサギとライチョウが合体した生物!?

「スクヴェイダー」はスウェーデンの未確認生物のひとつ。そのすがたは奇妙で、体の前半分がノウサギ、後ろ半分がライチョウという鳥になっている。しっぽが長いのが特徴だ。しかし、鳴き声などくわしいことはあまりわかっていない。

この「スクヴェイダー」はもともと20世紀はじめに、ダールマークという男が話した自慢話から広がった。それによると彼は狩りで、鳥とウサギの特徴が混じり合った不思議な動物をしとめたというのである。そして彼はこの「スクヴェイダー」の絵を地元スン

一章

ツヴァルの博物館に贈った。これを元にルドルフ・グランバーグという職人が剥製で再現し、同じ博物館に展示されるようになった。その後、「スクヴェイダー」は町のシンボルとして多くの人に愛されるようになったが、その正体はいまだに明らかになっていない。

UMAデータ

- **レア度** ★★
- **大きさ** 50〜80cm
- **場所** 森
- **すがた** 体の前半分がノウサギで後ろがライチョウ
- **特徴** 不明
- **国・地域** スウェーデン
- **仮説** 新種の生物

19

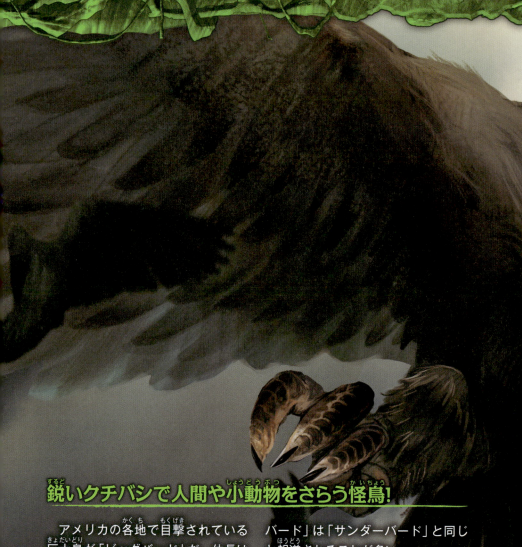

鋭いクチバシで人間や小動物をさらう怪鳥!

　アメリカの各地で目撃されている巨大鳥が「ビッグバード」だ。体長はつばさを広げると3〜8メートルになり、なかには10メートルを超えるものもいる。

　アメリカの先住民であるインディアンの間では、古くから怪鳥の伝説が伝わっている。それは「サンダーバード」とよばれる巨大な鳥で、カミナリとともに現れ、自由にカミナリをあやつり、獲物をしとめるという。この「ビッグバード」は「サンダーバード」と同じと報道されることが多い。

　1960〜70年代にはワシントン州やユタ州などで、小さな飛行機ほどの怪鳥が目撃されている。

　また1977年には3人の少年を巨大な鳥がおそい、ひとりをツメでつかみ連れ去りそうになったという。一方、2003年にはニューハンプシャー州で、2008年にはモンタナ州で「ビッグバード」の写真が撮影された。

一章

ビッグバード

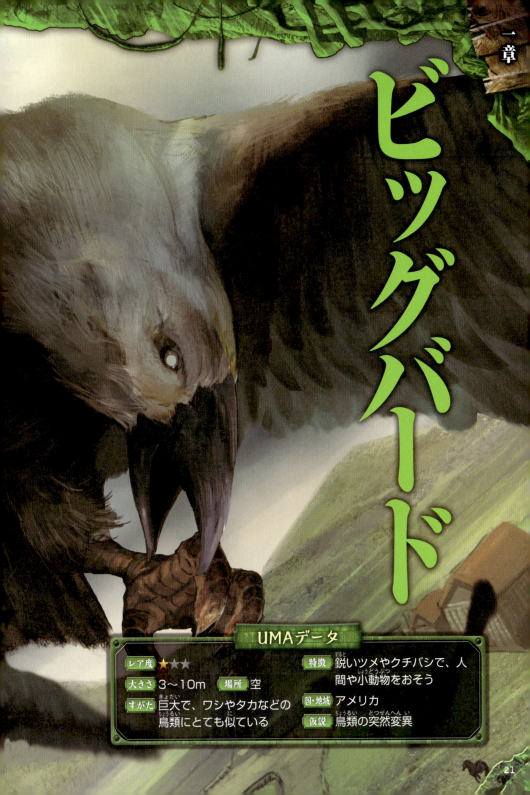

UMAデータ

- **レア度** ★★★
- **大きさ** 3〜10m
- **場所** 空
- **すがた** 巨大で、ワシやタカなどの鳥類にとても似ている
- **特徴** 鋭いツメやクチバシで、人間や小動物をおそう
- **国・地域** アメリカ
- **仮説** 鳥類の突然変異

UMA事件簿
ビッグバード

File 1 ビッグバードの正体は……?

「ビッグバード」は、全長が3メートルを超えるカリフォルニアコンドルに似ている。しかし、目撃情報では10メートルを超えていたとされるため、カリフォルニアコンドルでは説明がつかない。同じ鳥類ではほかに、いまから6百万年以上前に実在した鳥類「アルゲンタヴィス」とする説もある。この鳥は体重が80キロ、長さが7メートルで「ビッグバード」と特徴が一致する。

カリフォルニアコンドルはつばさを広げるとかなり大きい。

一章

File 2 サンダーバードと同じ仲間なのか？

北アメリカ先住民族の遺跡には怪鳥の岩絵が描かれていることがある。この鳥はサンダーバードとよばれており、先住民からおそれられている存在だ。サンダーバードは湖の中から出現し、カミナリを起こすという。じつはこのサンダーバード、特徴が「ビッグバード」とよく似ている。そのため2つのUMAは同一だとする人もいる。ちなみに、サンダーバードは先住民が作る伝統的な彫刻のトーテムポールの上に見られることが多い。

トーテムポールにほどこされた「サンダーバード」の彫刻。

File 3 連れさられそうになった少年

1997年7月25日、イリノイ州でおそろしい事件が起きた。午後9時頃、3人の少年が家の裏庭で遊んでいると、巨大な2匹の鳥が現れ、少年達をおそいはじめたのだ。2人は無事に逃げられたのだが、ひとりは、肩をツメでつかまれ、空にもち上げられてしまった。少年は、必死に抵抗して何とか逃げることができた。

この巨大な鳥というのが「ビッグバード」だったのだ。

23

サンドドラゴン

体を上下にくねらせる凶暴な巨大ヘビか!?

「サンドドラゴン」はアメリカ・テキサス州の砂漠に出現する巨大な未確認生物だ。

全長は5メートル以上あり、体は黒や茶色のまだら模様。手足がなく、大蛇のような外見だ。ヘビが左右に体をくねらせて移動するのに対して、「サンドドラゴン」は体を上下にくねらせて前進する。さらにジャンプ力もあり、10メートル以上飛び上がったという目撃証言もある。

性格はきわめて凶暴で、家畜が殺される事件も起きている。また人間をおそうこともあるとか。

何度も目撃されているが、おそろしくて近づけないため、細かい特徴に関してはほとんどわかっていない。一説ではヘビが突然変異して巨大化したものではないかと考えられるが、目撃情報が少ないことから詳細は不明のままだ。そのため、今後の調査に期待がもたれている。

UMAデータ

レア度	★★★
大きさ	5m以上
場所	砂漠
すがた	ヘビのような体で、表面は黒や茶色のまだら模様
特徴	長い体を上下にくねらせて移動する
国・地域	アメリカ
仮説	ヘビの突然変異

一章

UMA事件簿

2003年12月、アメリカのテキサス州の荒野で「サンドドラゴン」が撮影された。シャクトリムシのように体を上下にくねらせて移動していたという。現地での目撃情報は多いが、人間をおそうことから、出会った人はすぐ逃げ出すので、詳しい情報は出てこない。

UMAデータ

レア度	★★☆
大きさ	80～120cm
場所	森、浜辺
すがた	まだら模様の体毛、長いしっぽ
特徴	3メートル以上ジャンプする
国・地域	日本
仮説	新種のヤマネコ

一章

ヤマピカリャー

西表島で目撃される巨大なネコ型の猛獣!

　沖縄県の西表島に出現する巨大なヤマネコが「ヤマピカリャー」だ。その大きさは、同じく西表島に生息するイリオモテヤマネコの倍以上あり、その大きな体で3メートル以上もジャンプするというから驚きだ。

　体の表面にはヒョウのようなまだら模様があり、獲物を刺すような鋭い目つきが特徴的。またしっぽは地面につくほど長く垂れ下がっている。「ヤマピカリャー」はこの地方の言葉で「目の光るもの」を意味する。

　今まで島民による数十件もの目撃情報がよせられている。2007年には浜辺で大学教授がおそわれそうになったと新聞でも報じられた。

　ふだんは森のなかにひそんでおり、鳥などを食べていると推測されている。この「ヤマピカリャー」は、絶滅危惧種のイリオモテヤマネコとの共通点が多く、なんらかの関連性があるとされている。

UMA事件簿

イリオモテヤマネコの剥製。「ヤマピカリャー」とすがたがよく似ている。その関係性については、まだ明らかではない。

カーバンクル

ひたいに宝石!? ふしぎな小動物

　「カーバンクル」は16世紀のスペインの詩人、マルティン・デル・バルコ・センテネラの本に登場する生物。
　彼はパラグアイでこの生物を目撃した。そのすがたは「輝く宝石を頭にのせた小動物」のよう。センテネラは生物を探しジャングルをまわったが、再び見つけることはできなかった。
　その後の目撃情報では、サルやリスに近いという説もある。伝説ではこの宝石を手に入れたものは大きな富を手に入れることができるという。

UMAデータ

レア度	★★★		
大きさ	7〜10cm	場所	森
すがた	リスやサルに似た小動物		
特徴	ひたいに宝石をつけている		
国・地域	パラグアイ		
仮説	不明		

翼ネコ

世界中に出没！
つばさのはえたネコ

　「翼ネコ」とはその名の通り、肩や腰につばさのようなものがついたネコ。大きさは50センチ前後、つばさの長さは10 ～ 30センチで、空を飛びまわるという。これまで100件以上の目撃情報がよせられ、写真にも撮影されている。古くは19世紀の本に登場し、現在まで世界各地で目撃されている。大きいものになると体長3メートルにおよぶものもいる。つばさの正体は、皮ふが変形して羽のようになった、という説が一番有力だ。

UMAデータ

レア度	★★★
大きさ	50cm～3m　　場所　街
すがた	ネコのすがただが肩、腰につばさがある
特徴	つばさで空を飛ぶ。ツメでひっかく
国・地域	世界各地
仮説	皮ふの変形したネコ

ゴウロウ

全長6メートルの巨大トカゲ!

「ゴウロウ」はアメリカ、アーカンソー州のオザーク山地に生息するとされる巨大トカゲだ。

体重が約350キロ、体長は6メートルにも達し、岩場や洞窟で暮らしている。皮ふはかたくて分厚くじょうぶだ。動物や鳥、昆虫を食べるが、かみついたり長いしっぽを打ちつけたりして獲物をとらえる。

「ゴウロウ」はもともと神話に出てくる伝説の怪物だったが、19世紀末、ウイリアム・ミラーという人が水の中から現れた「ゴウロウ」を殺したという記録がのこっている。

また1951年にはヴァンス・ランドルフという民俗学研究者が「ゴウロウ」を目撃したと本で発表した。

正体については巨大なワニではないかという説がある。しかし、オザーク山地にはワニがいないため、その意見をうたがう人も多い。

UMAデータ

レア度	★★★
大きさ	6m
場所	山、水辺
すがた	トカゲが巨大化したすがたで、分厚い皮ふをもつ
特徴	長いしっぽを打ちつけて獲物をとらえる
国・地域	アメリカ
仮説	オオトカゲ、ワニ

一章

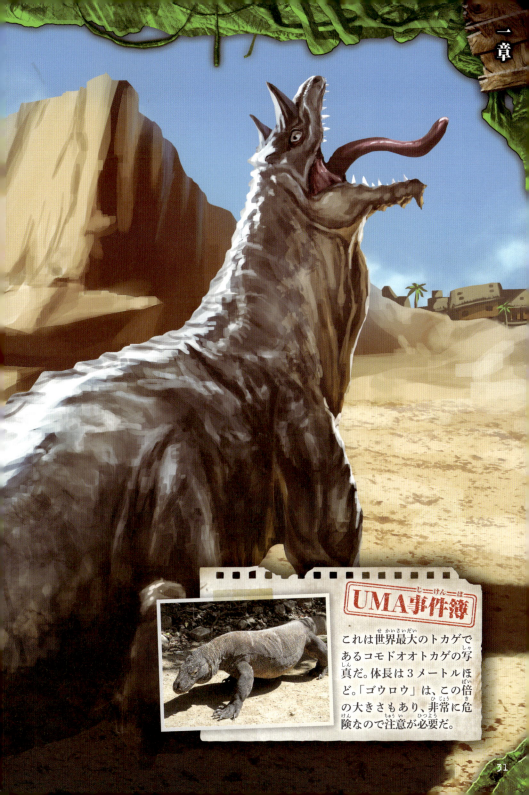

UMA事件簿

これは世界最大のトカゲであるコモドオオトカゲの写真だ。体長は3メートルほど。「ゴウロウ」は、この倍の大きさもあり、非常に危険なので注意が必要だ。

UMAデータ

レア度	★★★
大きさ	2～3.5m
場所	空
すがた	つばさと長いくちばしをもつ翼竜のよう
特徴	コウモリのようなつばさで空を飛ぶ
国・地域	カメルーン共和国
仮説	翼竜、オオコウモリ

一章

オリチアウ

空から急降下! 人間をおそう凶暴な UMA

アフリカ、カメルーン共和国の山岳地帯に生息するといわれる怪鳥「オリチアウ」。つばさを広げると全長が2メートル以上になる。

そのつばさはまるでコウモリのようで、大きなくちばしと鋭い歯をもっている。肉が大好物で、突然空から急降下して動物や人間をおそうという凶暴な生物だ。

「オリチアウ」が世界的に有名になったのが1932年。動物学者アイヴァン・サンダーソンが急降下してくる怪鳥におそわれそうになった事件だ。彼の証言によれば、その生物は3.5メートルにもおよぶ大きさで、まるでつばさの生えた恐竜のようだったという。じつはオオコウモリではないかという説があるが、「オリチアウ」の大きさはオオコウモリの2倍だ。

ほかにも、現地の人が恐れる伝説の怪鳥「コンガマトー」(→P52)と同じように翼竜説がある。

UMA事件簿

1932年にアフリカで、アイヴァン・サンダーソンという動物学者が、「オリチアウ」におそわれそうになった。つばさを広げた「オリチアウ」の大きさは3.5メートルもあったという。この目撃情報をきっかけに、翼竜型のUMAとして広く知られるようになった。

鋭いキバでおそって、脳を食べる凶暴なクマ!

ナンディベア

「脳を食べる生物」としておそれられているのが「ナンディベア」だ。

アフリカのケニア共和国のナンディ地方に生息しているといわれる。1919年、この地方で「ナンディベア」に7頭のヒツジが脳を食べられ殺される事件が起きた。クマに似ていることからこの名がついたが、現地ではむかしから「チミセット」とよばれている。

体長は3.5メートルで、体重は200キロ。耳が非常に小さいのが特徴で、鋭いキバをもち、後ろ足で立ち上がり獲物をおそう。後ろ足は前足よりも極端に短く、そのため体形はハイエナにも似ているといわれる。

「ナンディベア」の存在は20世紀に入ってから知られるようになった。イギリスの探検隊がナンディ地方でクマのような生物に遭遇し、調査を行ったのがきっかけだ。正体はアフリカでは絶滅したはずのヒグマ説、また1万2千年前まで生きていたホラアナグマ説がある。

UMAデータ

レア度	★★★	特徴	鋭いキバをもち、獲物の脳を食べる
大きさ	3.5m	場所	山、森
		国・地域	ケニア共和国
すがた	クマのようなすがただが、後ろ足が極端に短い	仮説	ヒグマ、ホラアナグマ

UMA事件簿
ナンディベア

File 1 古代生物カリコテリウムの生きのこり

「ナンディベア」は古代生物カリコテリウムの生きのこりではないかといわれている。カリコテリウムはいまから258万年以上前に生息していた動物で、体型はウマに似ており、ヒヅメの代わりにカギヅメをもつ。全長2メートル、体の大きさは1.8メートルで「ナンディベア」に比べてやや小柄だ。この生物は、前足が後ろ足に比べて極端に長いという点が「ナンディベア」の特徴と一致している。

これは古代生物カリコテリウムの想像図と化石だ。

一章

File 2 獲物の頭をかみ砕いて脳を食べる

　この「ナンディベア」、獲物の頭を潰して脳を食べるといわれ、現地の人たちからはゲテイト（脳を食べる）やチミセット（悪魔）とよばれている。鋭いキバをもっているため、頭をかみ砕くのは簡単だろう。

　実際、1919年にはナンディ地方で7頭のヒツジが殺され脳を食べられるという事件が発生した。
　「ナンディベア」の活動は夜間で、ときに人をおそうこともあるといわれているため、注意が必要だ。

ナンディベアがとくに好むのはヒツジの脳だという。

File 3 絶滅したはずのクマ？

　「ナンディベア」はアフリカで絶滅したヒグマの生きのこりという説もある。北アフリカには以前、アグリオテリウムというヒグマがいて、その生きのこりが南下して現在でも生きているのではないかというのだ。

　また1万2000年前に生息したホラアナグマの生きのこりという説もある。ただし、ホラアナグマは体型がハイエナとは異なっているため、ヒグマ生きのこり説のほうが有力だろうといわれている。

危険なUMAランキング

UMAの中にはほかの動物をおそう凶暴なものが多い。その中でも、特に人間に危害を加えるとされる非常に危険なUMAをランキング形式で紹介する。もし見つけたとしても、決して近づかないよう気をつけてほしい。

1位 ジェヴォーダンの獣

フランスで100人以上の死傷者を出したUMA。女性や子どもという弱い人間を好んで狙っていたという、おそろしいUMAだ。

→ P58

2位 ニンキナンカ

見た者には不幸が訪れ、数週間ののちに、なぞの病にかかり死んでしまうといわれている。

→ P132

→ P108

3位 アスワン

空を飛ぶ不気味なすがたの吸血UMA。おそわれた者は、大量の血液を抜かれていたという。

4位 モンゴリアン・デス・ワーム

毒液を吐いたり電流をはなつUMA。多数の調査隊がその毒によって死亡したといわれている。

→ 250

→ P222

5位 チュパカブラ

家畜や人間をおそう吸血UMA。体長は人間ほどと大きくないが、被害件数は1000件を超えるといわれている。

UMA事件簿

この写真は「ドアル・クー」が現れたマクロス湖だ。魚とは明らかに違う影が出現したという。

一章

ドアル・クー

ボートをおそう！ 人間を食べる殺人カワウソ

「ドアル・クー」はアイルランドのホイル湖やマクロス湖に出現するUMAだ。この「ドアル・クー」という名前は古代アイルランド語で"水イヌ"つまりカワウソをさし、現地ではその正体は巨大なカワウソではないかと考えられている。

「ドアル・クー」は性格がきわめて凶暴で、水面からネッシー（→P162）のようにこぶを出して泳ぎ、ボートをおそい人間を食べるといわれている。

1963年のマクロス湖での目撃情報によれば、体は黒く背中には2つのこぶがあるという。体長は2メートルでふつうのカワウソの4〜6倍以上とかなりの巨体だ。しかも、頭部だけでも60センチ以上ある。また2003年にはキラーニ国立公園の担当者がマクロス湖の魚の生態調査中に、水深20メートルで大きな影を確認した。明らかに魚の群れとは違う影だったが、正体はいまだにわかっておらず、「ドアル・クー」だった可能性あるという。真相については調査中だ。

UMAデータ

レア度 ★★★	特徴	ボートに乗っている人間をおそう
大きさ 2m	場所 湖	
すがた 黒い体をしておりカワウソに似ている	国・地域	アイルランド
	仮説	オオカワウソ

41

体を光らせながら空を飛ぶ翼竜型UMA

　パプアニューギニアで1940年以降、何度も目撃されているのが「ローペン」だ。名前は現地のことばで「空を飛ぶ悪魔」を意味している。
　頭の部分は翼竜「プテラノドン」に似ており、ワニに似たくちばし、ヘビのような細長い首が特徴だ。手の指は3本で、それぞれに鋭いツメがついている。体長は1～9メートルにもなり、皮ふの色は黒、もしくは赤褐色。夜になると体全体、またはおなかのあたりを光らせながら飛ぶという点だ。
　1944年にはジャングルの中で、ブタを追い飛行するすがたをアメリカ兵に目撃されているが、ふだんは魚や貝を食べると考えられている。動物の死肉が好物で、葬式をおそったり、墓を掘り起こしたりして死体を食べることもあるという。見た目の特徴から翼竜の生きのこりともいわれている。

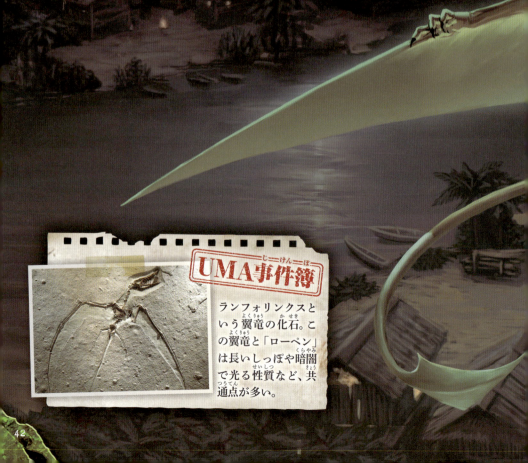

UMA事件簿

ランフォリンクスという翼竜の化石。この翼竜と「ローペン」は長いしっぽや暗闇で光る性質など、共通点が多い。

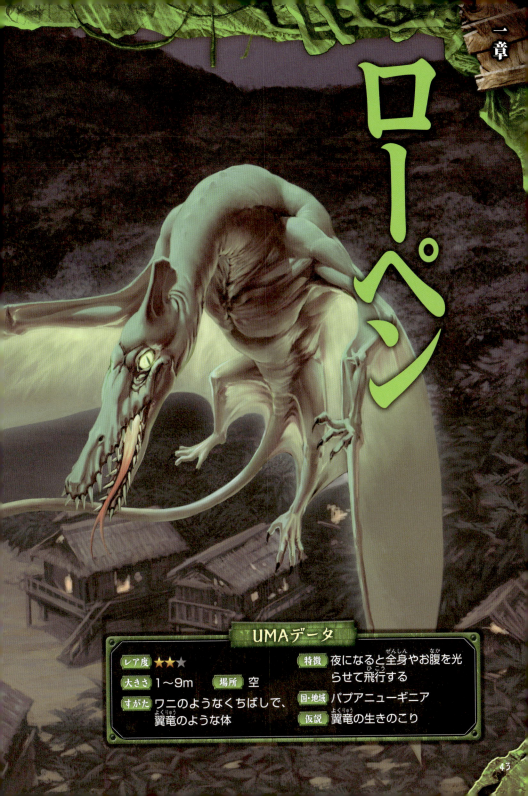

一章

ローペン

UMAデータ

レア度	★★	特徴	夜になると全身やお腹を光らせて飛行する
大きさ	1〜9m	場所	空
すがた	ワニのようなくちばしで、翼竜のような体	国・地域	パプアニューギニア
		仮説	翼竜の生きのこり

ツチノコ

古くから日本に存在するなぞの生物……

北海道と沖縄県をのぞいた日本各地で目撃されている「ツチノコ」。ヘビに似ているが、ヘビよりも胴体が短く、中央部がビールびんのようにふくれている。頭部は平べったく、目は大きい。

大きさは30センチメートルから1メートルと幅広い。動きはすばやく、最大5メートルほどのジャンプ力をもつ。目撃者によれば、「チィーッ」という鳴き声を出すという。

その特徴については「毒をもっている」、「シャクトリムシのように移動する」などさまざまなことがいわれているが、いずれも定かではない。

この「ツチノコ」、1200年以上前につくられた日本の歴史書『古事記』や『日本書紀』にも神として登場する。「ツチノコ」は三重県や奈良県、京都府などでよばれた名前で、ほかの地方では「ノヅチ」「ゴハッスン」「バチヘビ」などさまざまな名前でよばれている。「ツチノコ」の名や存在は、1970年代にマンガや小説に登場したことで広く知られるようになった。

UMAデータ

レア度	★★★
大きさ	30cm〜1m
場所	山、森
すがた	ヘビに似た形だが胴体がビールびんのように太い
特徴	「チィーッ」と鳴く。ジャンプ力がある
国・地域	日本各地
仮説	毒ヘビ、トカゲ

UMA事件簿
ツチノコ

File 1 懸賞金を出すまでのさわぎに

近年、「ツチノコ」に懸賞金を出す地域もあり、多くの捜索隊が結成されたが、まだ誰も生け捕りには成功していない。目撃情報も多数あがるのだが、見まちがいも多いようだ。1992年、岐阜県の農家で「ツチノコ」のような生物の死体が発見され大さわぎになったが、これは鑑定でマツカサトカゲであると判明。このトカゲはオーストラリアに生息するが、ペットとして日本にも輸入されているため、見つかっても不思議ではない。

岡山県赤磐市のツチノコ手配書。懸賞金をかける地域もあるのだ。

一章

File 2 「ツチノコ」の死体は毒ヘビ?

　2007年、山形県最上郡大蔵村の牧場で「ツチノコ」によく似たヘビの死体が見つかった。専門機関に持ちこみ調べたところ、死体はオーストラリアの毒ヘビ、デスアダーだとわかった。

　このようなことから、「ツチノコ」の正体は珍種のヘビやトカゲだとする人も多い。一方で、自然環境の悪化で「ツチノコ」は絶滅の危機に瀕しているとする意見もある。

　もしかしたら、今も山奥でひっそりと生息しているのかもしれない。

目撃情報をもとに作られた「ツチノコ」の胴体見本だ。

File 3 腹が膨れたヘビを見まちがえた!?

　「ツチノコ」の正体に関するさまざまな意見の中でもっとも有力なのが、小動物を飲み込んだヘビの仲間のマムシ説だ。マムシは肉食で、小さなほ乳類や小型は虫類、両生類などを食べる。

　また、妊娠中で腹の膨れたヘビではないかとする説もある。ヤマカガシやマムシなどは妊娠するとツチノコのように見えるというのだ。いずれにせよ真偽は生きたまま捕獲しないとわからないだろう。

47

UMA事件簿

全長2200キロのオレンジ川。この川岸のどこかに「グローツラング」が生息し、ダイヤモンドを守っているのだ。

一章

グローツラング

出会った者に災いをもたらす大蛇

「グローツラング」は南アフリカ共和国のオレンジ川近くに生息するといわれる大きなヘビだ。

全長は12メートルほどもあり、目の部分にはかがやく宝石がはめこまれているという。ゾウの体でヘビのしっぽをもつという説もある。南アフリカ共和国の砂漠地帯、「リフタスフェルト」にあるという「底なしの洞窟」とよばれる場所にすみ、大量のダイヤモンドを守っているというのだ。

この「グローツラング」に遭遇した者には何かしらの災いがふりかかるというからおそろしい。ある探鉱師がこの洞窟を見つけ探検したが、途中でコウモリの攻撃にあいダイヤモンドを見つけることができなかった、という話が現地では伝えられている。

「グローツラング」はヘビの精霊ともいわれているが、人の目が届かない洞窟に実在している可能性もけっして否定できない。

UMAデータ

レア度	★★★	特徴	出会った者には災いがふりかかる
大きさ	12m		
場所	洞窟	国・地域	南アフリカ共和国
すがた	目に宝石がはめこまれた大蛇のようなすがた	仮説	大蛇

49

エイリアン・ビッグ・

瞬間移動する？ 不思議なエスパーネコ

　1950年以降のイギリスでは大型のネコのような生物による騒動や事件があいついでいる。このネコのような生物というのが「エイリアン・ビッグ・キャット」だ。
　エイリアンという名前は「ほかのところからきた」ことを意味している。

　その名は、いるはずのないところに突然現れては消えるなどの目撃情報から空間をテレポート移動する能力があると考えられているからついた。そのため「テレポーティング・ピューマ」ともよばれている。
　大きさはヒョウやピューマほどで足

一章

UMA事件簿

「エイリアン・ビッグ・キャット」が現れたときの詳細を、指をさしながら語る目撃者。場所はイギリスの高原地帯だ。

キャット

UMAデータ

レア度	★★★
大きさ	80cm〜1m
場所	街
すがた	一見大型のネコのようだが、足が長い
特徴	テレポート能力がある。かみついたり、引っかいたりする
国・地域	イギリス
仮説	新種のネコ

が長い。人に対してはかみつく、引っかくなどの攻撃をする。1996年には長さ約15センチの足あとが発見されており、この足あとの持ち主は相当な大きさだと推測される。

目撃情報は多数あるが、1963年にはロンドンの南東部で目撃され、警官や兵士が大勢出動したが、つかまえることができなかった。また、1983年にはこの生物らしき黒い野獣によって農場の家畜が殺されたという。さらに、2005年にも男性がおそわれる事件が発生しており、いまもどこかに生息していると考えられている。

51

コンガマトー

アフリカで目撃される翼竜型UMA

　ザンビア共和国でしばしば目撃されるのが「コンガマトー」。体長は1.5〜2メートルほどあり、外見は古代の翼竜のようだ。長いくちばしには多数の歯が生えている。この特徴から、鳥類とは違う生物と推測されている。体毛や羽毛はなく、コウモリのようなつばさをもつ。空から突然人をおそい、つついたりかみついたりしてくる。この「コマンガトー」は「オリチアウ」（→P32）と同一視される場合もあり、同じように翼竜の生きのこりではないかと考えられている。

UMAデータ

レア度	★★
大きさ	1.5〜2m
場所	空
すがた	歯の生えた長いくちばしをもっている
特徴	空から人間を攻撃する
国・地域	ザンビア共和国
仮説	翼竜の生きのこり

一章

イノゴン

猟師たちに食べられた？
イノシシのような怪物

　「イノゴン」は2本の大きなキバをもち、体毛はまったくなく、イノシシのようなすがたをしている。体長は1.8メートルほど。1970年、京都府の山中でこの「イノゴン」が現れ猟師をおそった。しかし、逆に猟銃でしとめられ、その後猟師たちは、あろうことかその生物を鍋にして食べてしまった。後日、猟師のひとりがその生物の頭がい骨を兵庫大学の教授に見てもらったところ、突然変異のようなあとが見られ、普通のイノシシではないことから「イノゴン」と名づけられた。

UMAデータ

レア度	★★★		
大きさ	1.8m	場所	山
すがた	体毛がない。大きなキバをもつ		
特徴	体当たり攻撃をおこなう		
国・地域	日本		
仮説	イノシシの突然変異		

53

強い悪臭をはなつ人面コウモリ!

アフリカのセネガル共和国とガンビア共和国に出現する未確認生物が「ジーナ・フォイロ」だ。コウモリのような体に人間のような顔をもつことから「人面コウモリ」ともよばれている。大きさはつばさをひろげた状態で約1.2メートル。足には3本のカギヅメがあり、これで獲物をおそう。

一説によれば、「ジーナ・フォイロ」は不思議な能力で、どんなに厳重に警備されている建物にも侵入することができ、また空中を飛びながら突然消えるという。

体からは強い悪臭をはなち、それをかいだ人は呼吸ができなくなるなどの症状になり、最終的に死にいたってしまうという。

オオコウモリの突然変異という説もあるが、不可解な目撃証言が多く、なぞにつつまれた生物だ。

UMA事件簿

目撃情報と体型の似ているオオコウモリ。フライングフォックスとよばれ、つばさを広げると2メートル近くにもなる。

一章

ジーナ・フォイロ

UMAデータ

- レア度 ★★★
- 大きさ 1.2m
- 場所 空
- すがた コウモリのような体と人間のような顔をもつ
- 特徴 強力な悪臭をはなつ
- 国・地域 セネガル共和国、ガンビア共和国
- 仮説 オオコウモリの突然変異

UMAデータ

- **レア度** ★★★
- **大きさ** 50〜80cm
- **場所** 草原
- **すがた** ノウサギにシカのツノに似たものが生えている
- **特徴** 人間の声マネが得意。すばしっこく、ときに暴れる
- **国・地域** アメリカ
- **仮説** ウサギの突然変異

ジャッカロープ

シカのツノが生えたすばしっこいウサギ

「ジャッカロープ」はアメリカのワイオミング州に生息しているUMAだ。体全体はウサギだが頭部にはシカのツノが生えている。ふだんは群れで生活しており、人間の声をマネするのが得意だといわれている。

人間の近くまでくるのだが、つかまえようとすると、暴れたり、すばしっこく逃げたりする。そのためなかなかつかまえることができないという。

ところがこの「ジャッカロープ」、ウイスキーが大好きで、それをワナにしかけると、酔っぱらって簡単につかまえられるという噂がある。

2005年には頭部にツノ状のコブがあるウサギの死体が発見され、「これはジャッカロープではないか」と話題になった。しかし、獣医によってウサギの頭部がウイルス性の病気によって変形したものだと断定され、「ジャッカロープ」の存在の解明にはいたらなかった。

UMA事件簿

目撃情報をもとに作られた「ジャッカロープ」の頭部の剥製。ウサギの剥製にシカのツノを取り付けて作られている。

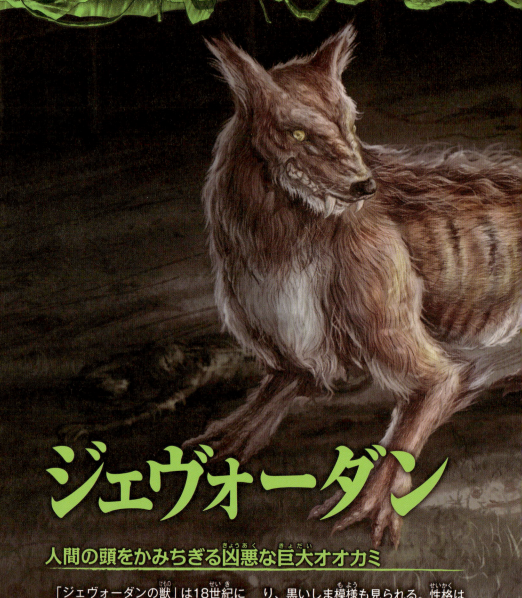

ジェヴォーダン

人間の頭をかみちぎる凶悪な巨大オオカミ

「ジェヴォーダンの獣」は18世紀に当時のフランスのジェヴォーダン地方で目撃されたUMAだ。

そのすがたはオオカミに似ているが体長はウシぐらい。長いしっぽをもち、口からは巨大なキバがはみ出している。体全体は赤い毛でおおわれており、黒いしま模様も見られる。性格はとても凶暴で、とくに人間の子どもや女性などよわいものを狙っておそいかかる。頭へかみついて、鋭い歯で骨ごとかみくだくという。

また、人をおそうときは2頭以上か子連れで行動する。ただし、なぜかウ

一章

の獣 (けもの)

シには弱い面があり、牧場にウシがいると、あまり近寄ってこない。

1764年には農場にいた女性が「ジェヴォーダンの獣」によっておそわれたが、まわりにいたオスのウシが追い払ったという記録がのこっている。

正体はオオカミとイヌの雑種説があるが、詳しいことは調査中だ。

UMAデータ

レア度	★★★
大きさ	1.7m
場所	街
すがた	オオカミによく似ていて、全身が赤い毛でおおわれている
特徴	口からはみ出した巨大なキバで人をおそう
国・地域	フランス
仮説	オオカミとイヌの雑種

UMA事件簿 ジェヴォーダンの獣

File 1 100人以上の死者を出した

1764～1767年にかけて、フランスのマルジュリド山地周辺に「ジェヴォーダンの獣」が現れ、多くの被害者が出たとされている。彼らはたいていひとりでいるときにおそわれた。

このとき出た死傷者は、合わせて88人とするものや123人とするものなど記録によってさまざまだ。その後、大規模な捜査が行われたが、正体をつかむことはできなかった。

証言をもとにした「ジェヴォーダンの獣」のイラストだ。

一章

File 2 いまだ正体が分からない肉食動物

　正体が何であったかは、いまでも議論が行われている。まず、野生のオオカミ説だが、これは家畜と人間が一緒にいたのに人間だけをおそった点に疑問がのこる。

　また、ペットとして飼われていたイヌやオオカミの雑種ではないかとする意見や、もともとフランスにはいないハイエナのような動物が、何かしらの方法で国内に侵入したという意見もある。たしかに、ある種のハイエナは人をおそうことがあるため、ありえない話ではないだろう。

ハイエナ説をはじめ、さまざまな説が飛び交っている。

File 3 勇敢な少年が追い払った

　「ジェヴォーダンの獣」に関してはさまざまな情報がのこされている。そのひとつが勇敢な少年の話だ。
　1765年にジャック・ポルトフェという少年とその仲間たちが、「ジェヴォーダンの獣」に立ち向かい追い払ったというのだ。この話は当時のフランスの王ルイ15世の心を動かし、専門家に「ジェヴォーダンの獣」を殺すように依頼した。しかし、襲撃は止まることがなく、その後も被害者が出つづけたという。

タギュア・タギュア・ラグーン

家畜を食いつくす! 人間の顔を持つUMA

18世紀に南米チリのサンティアゴで生きたまま捕獲されたのが「タギュア・タギュア・ラグーン」だ。

体長約18メートル。体にはウロコがあり、そこから長い2本のしっぽとつばさが生えていて、そのすがたはこの世のものとは思えない。顔はまるで人間のようだが、体はヘビに近い。ツノが生えていて、口が大きく横に裂け、また長いタテガミが頭からのびている。足には鋭いカギヅメがあり、これで獲物をとらえるという。

1784年にはこの怪物が農場にあらわれ、家畜をすべて食いつくしてしまった。そのため100人の男たちが怪物を待ちぶせし、ようやくつかまえることができた。その後、同じような怪物がふたたびあらわれることはなかったという。

体がさまざまな生物のミックスだったことから、何かの動物が突然変異したものなのかもしれない。

UMAデータ

レア度	★★★
大きさ	18m
場所	街
すがた	顔は人間、体はヘビなどさまざまな生物が合体
特徴	足にある鋭いカギヅメで獲物をとらえる
国・地域	チリ
仮説	動物の突然変異

一章

UMA事件簿

「タギュア・タギュア・ラグーン」は、その奇妙なすがたから、存在をうたがってしまう。人間ははじめて見る存在をおそれ、人に伝えるときに大げさに話してしまうことがある。そのため、この生物の奇妙なすがたは、噂によって変わってしまったのかもしれない。

野生のハギス

長さの違う足で山の斜面をすばやく走る!

　スコットランドの高地にいるとされる伝説の生物が「野生のハギス」だ。
　全身が長い毛でおおわれ、ネズミのような顔をしており、丸みをおびた体をしている。左右の足の長さが違うが、そのおかげで山の斜面をすばやく走り回ることができる。この足の長さだが、左足が長いものと右足が長いものの2種類がいて、それぞれ違った方向にしか走れないという。スコットランドのグラスゴー美術館には人工の「野生のハギス」が展示されている。

UMAデータ

レア度	★★★
大きさ	不明
場所	山
すがた	ネズミのような顔で、全身に長い毛が生えている
特徴	足の長さが左右で違っていて山を一方向に走る
国・地域	スコットランド
仮説	新種の生物

64

一章

フライングホース

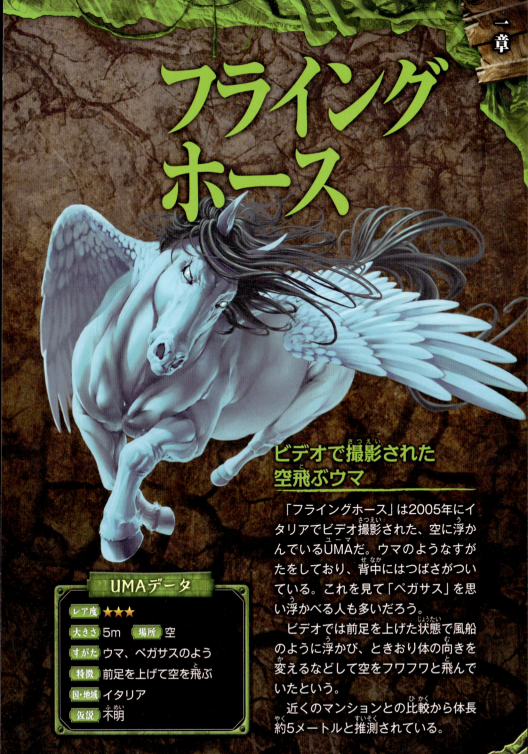

ビデオで撮影された空飛ぶウマ

「フライングホース」は2005年にイタリアでビデオ撮影された、空に浮かんでいるUMAだ。ウマのようなすがたをしており、背中にはつばさがついている。これを見て「ペガサス」を思い浮かべる人も多いだろう。

ビデオでは前足を上げた状態で風船のように浮かび、ときおり体の向きを変えるなどして空をフワフワと飛んでいたという。

近くのマンションとの比較から体長約5メートルと推測されている。

UMAデータ

- レア度 ★★★
- 大きさ 5m
- 場所 空
- すがた ウマ、ペガサスのよう
- 特徴 前足を上げて空を飛ぶ
- 国・地域 イタリア
- 仮説 不明

UMAデータ

レア度	★★★
大きさ	7.5m
場所	水辺
すがた	サイのようなからだつき。太いしっぽをもつ
特徴	鋭いツノをもち、敵を突き刺す
国・地域	コンゴ民主共和国
仮説	恐竜、絶滅ほ乳類

一章

エメラ・ントゥカ

ゾウのような大きさの一角獣

「エメラ・ントゥカ」はコンゴ民主共和国のリクアラ沼沢地で何度も目撃されているUMAだ。鼻先にサイのようなツノを生やした一角獣で、体の大きさはゾウくらい。全身には毛がなく、がっしりしたしっぽをもっている。

ツノはサイのものより鋭く長く、身の危険を感じたときに、これでゾウやスイギュウを突きさす。しかし、この一角獣は草食で、殺した動物の肉を食べることはない。ふだんは木の実や植物などを食べているという。

「エメラ・ントゥカ」はアフリカの部族によってさまざまな名前がつけられている。「ンガンバ・ナマエ」や「アセカ・モケ」とよばれるものは同じ生物だと考えられる。

その正体については2つの説がある。ひとつは恐竜説、とくに「セントロサウルス」の生きのこりだとする意見。もうひとつは絶滅した古代のサイの生きのこりではないかという説だ。

UMA事件簿

「エメラ・ントゥカ」の特徴は、目撃証言によると左の写真のようなケラトプス科の恐竜に似ていることがわかる。その正体については、現在も調査中だ。

チリの翼竜型UMA

街の中を飛びまわる翼竜のような UMA！

「チリの翼竜型UMA」は2013年にチリの首都サンティアゴの上空で目撃された未確認生物だ。

証言によればこのUMAは突然現れ、公園の木から町の方へと飛び立ったという。その後、UMAは教会の塔にとまり、動物の肉を食べているところをほかの人に目撃されている。

体長はつばさを伸ばした状態で約2メートル。つばさはコウモリのような形をしている。尻には長いしっぽがつ

いており、体はコウモリというより、むしろ翼竜に近かったという。

一説によると、かみつく、ツメで引っかくなどの攻撃をする。肉を食べることからオオコウモリとは別種と考えられているが、くわしいことはまだわかっていない。

この目撃談のあとも何度も遭遇したという情報が寄せられ、新聞でも報じられた。そのため、現地の住民の間では不安が広がっているという。

UMAデータ

レア度	★★★
大きさ	2m　場所 空
すがた	コウモリのようなつばさに、翼竜のような体
特徴	かみつく、ツメで引っかくなどの攻撃をおこなう
国・地域	チリ
仮説	翼竜の生きのこり

一章

UMA事件簿

「チリの翼竜型UMA」が現れたサンフランシスコ教会。この教会の塔の上で動物の肉を食べているところを目撃された。

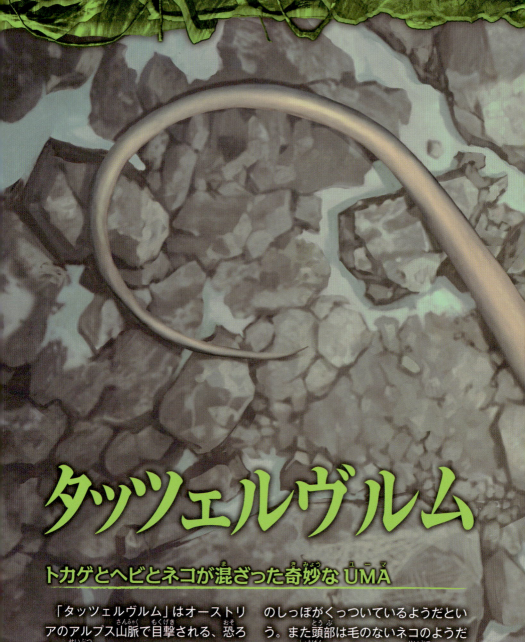

タッツェルヴルム

トカゲとヘビとネコが混ざった奇妙なUMA

　「タッツェルヴルム」はオーストリアのアルプス山脈で目撃される、恐ろしい生物だ。この「タッツェルヴルム」という名はドイツ語で「前足をもつイモムシ」を意味する。
　ところが、目撃情報によればそのすがたは上半身がトカゲで、それにヘビのしっぽがくっついているようだという。また頭部は毛のないネコのようだという証言も。さまざまな生物が合体した生物だと考えられる。
　大きさは1メートルほどで、下半身をヘビのように動かし移動する。2本足や4本足だという情報もあるが、そ

一章

そもそも足があるかどうかもはっきりしていない。またこの生物がは虫類か両生類なのかすらもわかっていない。

ただひとつ確かなのは、出会った人を死に追いやるUMAだということだ。1779年に、オーストリアのザルツブルグでこの生物に遭遇した人は、あまりの恐怖から心臓発作を起こし死亡したと伝えられている。

UMAデータ

レア度	★★★
大きさ	1m
場所	山
すがた	頭部はネコ、上半身はトカゲ、下半身はヘビ
特徴	出会っただけで人間を死に追いやる
国・地域	オーストリア
仮説	新種のは虫類、両生類

71

UMA事件簿
タッツェルヴルム

File 1 さまざまな資料がのこるUMA

「タッツェルヴルム」は博物学の分野で、中世以降盛んに研究が行われている。見た人間は死ぬということからか写真はのこっていない。しかし、スケッチなどのようなさまざまな資料はのこっている。

たとえば1717年に「タッツェルヴルム」に遭遇した探検家ショイツァーは、銅版画にそのすがたをのこしている。それを見ると、小さな足が多数ある。

また、2001年には日本の博物館でも「ジュラ紀のタッツェルヴルム」と名づけられた化石が展示されたこともある。

家畜のブタをおそう「タッツェルヴルム」のイラストだ。

File 2 イモリやトカゲの巨大化の可能性も

「タッツェルヴルム」の正体だが、この生物が雨のあとでよく目撃されることから、北米にいるグレーターサイレンという巨大イモリと同種ではないかとする説がある。

また、ヨーロッパにいるアシナシトカゲではないか、という説もある。このトカゲは足がとても小さく短いため、胴体で移動しているように見える。「タッツェルヴルム」の正体は、なんらかの原因でこのトカゲが巨大化したものなのかもしれない。

アシナシトカゲの一種。胴体に比べ、手足が小さい。

File 3 洞窟で一生過ごすものもいる

「タッツェルヴルム」に関しては、まだわからないことが多い。一説によれば、標高500〜2000メートルの山地にすんでいるという。目撃証言は春から夏にかけて集中しており、そのため冬眠する生物ではないかとも考えられている。

また、洞窟の中で生活するものもいて、その場合、一生その中で暮らすという。このように、険しい山に生息するため発見すること自体が非常に難しいUMAなのだ。

未開の地

人間がまだ見ぬ場所と、そこにひそむもの

　科学や技術が進んだ現代でも、人間が誰ひとり、足を踏み入れたことのない場所が地球上にはまだまだ存在している。それらの場所を「未開の地」とよぶ。

　例えば、南米アマゾン川流域の広大な熱帯雨林は、日本の15倍もの大きさがあり、隅ずみまで調査することがとても難しい。それでも少しずつ探索が進み、同時に新種の生物が毎年のように見つかっている。特に、昆虫やカエルなどの両生類が新種として多く発見されている。

　一方で、標高6000メートルを超える山は、人間が命がけでのぼらなければならず、その中にはまだ誰も頂上にたどりついたことのない場所もある。ブータンの「ガンカー・プンスム」という山は、地元民から神聖な土地とされている。そのため、山に入ること自体が禁止されている。これらの山岳地帯では、ネズミやサルなどのほ乳類、鳥類の新種発見が近年でも報告されている。

　それらの森林や山には、溶岩や地下水で削られてできた天然の洞窟も点在している。自然の作用でできた洞窟は深く複雑に入り組み、日の光がとどかないため、やはりすべてを解明することが難しい。

　そういった「未開の地」には、まだきっと多くのUMAがひそんでいるのではないだろうか。実際、本書で紹介しているUMAも森林の中や山の奥深く、そして洞窟に住んでいるとされるものが多い。

　いつか、「未開の地」とよばれる場所は地球上には存在しなくなるかもしれない。そして、未開の地がなくなることで、なぞだらけのUMAの正体が明かされていくだろう。

広大な面積をほこるアマゾンのジャングル。森林の伐採により、年ねん小さくなっている。

二章

人獣
じんじゅう

人間に似たすがたで、二足歩行をするUMAは多い。そのほとんどがほかの生物と合体したようなすがたか、原始人のようなすがたをしている。

UMA事件簿

「オウルマン」は、フクロウの中でもワシミミズクに特徴がよく似ている。「オウルマン」はつばさを開くと大きさは180センチにもなる。これほど大型のフクロウにおそわれたら、ひとたまりもないだろう。

二章

オウルマン

目を真っ赤に光らせる不気味な巨大フクロウ！

1976年イギリスのコーンウォール州モウマン村で、教会の上空を飛ぶ巨大な生物が目撃された。その後、近くの森で2人の姉妹が木の枝にとまる不思議な生物に遭遇。それによると、大人の男性ぐらいの巨大なフクロウのようで、目を真っ赤に光らせていたという。

このUMAは外見がフクロウに似ていることから「オウルマン」とよばれるようになった。「オウル」は英語でフクロウの意味である。

また、1976～1978年の間には体と羽が銀色で、鋭いツメをもつ同じような生物の目撃情報があいついだ。しかし、不思議なことに、10代の少女だけが生物を目撃しているのだ。証言に共通するのは、上半身がフクロウで、大人の男性ぐらいの大きさという点。そのため、人間とフクロウの交雑説がささやかれてきたが、真相は明らかになっていない。

UMAデータ

レア度 ★★★	特徴 大きな羽で空を飛び、ツメで敵を引っかく
大きさ 約2m　場所 空	国・地域 イギリス
すがた 大人の男性ぐらいの大きさで目が真っ赤に光る	仮説 大型の猛きん類

強烈な悪臭をはなつ沼地の猿人

　アメリカのフロリダ州で1942年ごろから、たびたび目撃されているのが「スカンクエイプ」だ。すがたはオランウータンに似ていて性格は凶暴。体重は150キロ以上あり、体は褐色の毛でおおわれている。「スカンク」の名前のとおり敵に出会うとものすごい悪臭をはなつ。そのにおいは腐ったチーズとタマゴをまぜたような感じで、目もあけていられないほどだという。
　2000年にはフロリダのミヤッカ公園近くの民家にとつぜん現れたところを撮影された。その写真にははっきりとすがたが映っており、現地に衝撃をあたえた。2002年にはテネシー州に出現し、住民のペットをつぎつぎと殺害した。
　ほかにも、畑仕事をしていた人が「スカンクエイプ」におそわれ命を落としたとされる事件や、野生の動物がおそわれるといった報告があり、とても凶暴な生物なのだろう。

UMA事件簿

2000年秋にフロリダ州ミヤッカ公園に現れた「スカンクエイプ」。このときは至近距離からの撮影に成功した。

二章 スカンクエイプ

UMAデータ

レア度	★★	特徴	敵に出会うとものすごい悪臭をはなつ
大きさ	2m	場所	森
すがた	褐色の毛でおおわれ、オランウータンに似ている	国・地域	アメリカ
		仮説	古代の霊長類の生きのこり

イエティ

多くの探検家が探しつづけるヒマラヤの雪男

ネッシー（➡P162）やビッグフット（➡P98）とならんで世界的に有名なUMAが、ヒマラヤ山脈に生息する雪男「イエティ」だ。

すがたは全身が毛でおおわれており、一見ゴリラに似ているが、体つきは人間に近い。直立歩行を行い、体長は大きいものでは3メートルにも達する。頭のてっぺんがとんがっているが、その「イエティの頭皮」は実際にヒマラヤの寺院にまつられている。

そもそも「イエティ」が世界に知られるようになったのは1887年、イギリスの軍人ウォーデル大佐が足あとを発見したのが最初だ。その後、何人もの登山家が実物を目撃している。

1954年には登山家が長さ45センチの足あとの撮影に成功。1986年には実際に歩くすがたが写真におさめられた。これにより各国から探検隊が何度も現地に派遣されるようになったが、正体の解明にはいたっていない。

UMAデータ

レア度	★★☆
大きさ	1.8〜3m　　場所 山
すがた	人間に近い体つきで、全身が毛におおわれている
特徴	直立歩行で行動する
国・地域	ネパール、チベット
仮説	絶滅した猿人の生きのこり

UMA事件簿

イエティ

File 1 5頭のイエティを発見した日本人

フィリピン、ルバング島に取りのこされた旧日本兵を発見し、有名になった冒険家の鈴木紀夫が、1975年にヒマラヤの標高3500メートルの地点で5頭の「イエティ」を目撃したという。1987年になだれで遭難死しているが、その遺志を受けついだ高橋好輝は現地調査を続け、4750メートル地点まで登り、そこでなんと、18センチの「イエティ」のものと思われる足あとを発見したのだ。

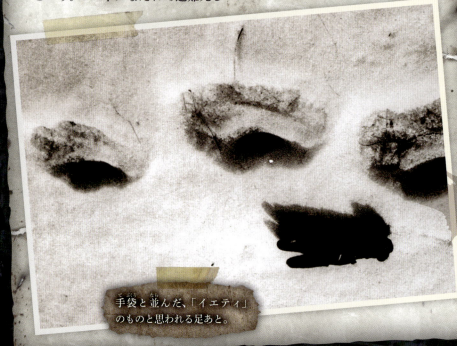

手袋と並んだ、「イエティ」のものと思われる足あと。

二章

File 2 イエティの正体は絶滅した猿人？

「イエティ」の正体については、さまざまな説がささやかれている。その中でもっとも有力なのが、絶滅した猿人ギガントピテクスの生きのこり説だ。この猿人の化石を調査した結果、体長はおよそ3メートルで見た目も「イエティ」によく似ていることがわかった。さらに、後ろ足で二足歩行していたことが判明した。

ただし、ギガントピテクスの化石はまだ3個しか見つかっておらず「イエティ」と比べるには資料が足りないため、今後の調査に期待したい。

生息地のヒマラヤ山脈。人が入れないところも多いのだ。

File 3 イエティの毛がDNA鑑定された

「イエティ」をヒグマの見まちがいととなえる人は多い。というのも、目撃された村で「イエティ」のものとされた毛をDNA鑑定したところ、ヒグマやヤマアラシのものだったと判明したためだ。

ただし、ヒグマと「イエティ」のものと思われる足あととではだいぶ形や大きさがちがっているため、この説を疑問視する人もいる。「イエティ」はいまだに目撃証言も多く、さらなる報告が待たれている。

83

ウロコにおおわれたインドネシアの半魚人

「オラン・イカン」は、インドネシアのケイ諸島で目撃された半魚人。「オラン」はマレー語で人間、「イカン」は魚という意味だ。目撃証言によってその特徴はさまざまだが、共通しているのは、エラがあり、手足には水かきがついていること。全身がウロコでおおわれており、まるで魚のようだ。しかし人間のような手足があり、直立して歩きまわることもできる。また、頭に髪があるものもいる。

この「オラン・イカン」、1943年には日本人の軍曹が生きて動いているすがたと死体の両方を目撃。またインドネシアでは、この生物によく似たものが浜辺に何度も打ち上げられているという。同じような死体は1954年にイギリスのキャンベイ島でも発見された。その正体に関しては、ジュゴンやマナティなど実在の生物だとする意見もあるが、人間の祖先が水中で生活し、進化したすがただとする説もある。

UMA事件簿

1943年3月、インドネシアのカイ諸島で仕事をしていた日本人の軍曹が、海岸で「オラン・イカン」を発見した。2匹の「オラン・イカン」が海岸で楽しそうに遊んでいたのだ。また、海岸に打ち上げられた死体も見たという。このように何度も発見されている「オラン・イカン」は実在の可能性が高いといえるが、真相は不明だ。

二章

オラン・イカン

UMAデータ

- **レア度** ★★★
- **大きさ** 120〜150cm
- **場所** 海
- **すがた** 人間のような手足があり、全身ウロコにおおわれている
- **特徴** 水中でも陸(りく)でも生活できる
- **国・地域** インドネシア
- **仮説** ジュゴンやマナティ、人間(にんげん)の祖先がとげた別(べつ)の進化(しんか)

85

UMAデータ

レア度	★★★		
大きさ	2m	場所	街
すがた	頭はツノをもったヒツジで体は毛でおおわれた類人猿		
特徴	体当たりやなぐるなどの攻撃をおこなう		
国・地域	アメリカ		
仮説	遺伝子実験		

二章

ヒツジ男

軍の秘密工場で生まれた獣人!?

アメリカのカリフォルニア州サンタ・ポーラで1964年に目撃されたのが「ヒツジ男」だ。

頭はヒツジで、体は全身が毛でおおわれ類人猿のよう。身長は約2メートル。筋肉質のたくましい体つきをしており、2本足で歩く。「ヒツジのようなツノをはやしていた」という証言から日本では「ヒツジ男」とよばれているが、現地では「ゴートマン」、つまりヤギ男とよばれている。なかには体がヒツジで顔は人間という目撃例もあ

る。攻撃的ではないが、危険を感じると体当たりをしたり、なぐったりしてくるという。

一説ではサンタ・ポーラの「軍の秘密工場」で、遺伝子実験によって生まれたのではないかといわれている。工場名にちなみ「ビリワック・モンスター」とよばれることもある。

ほかに何らかの宗教の儀式で人間がヒツジの仮面をかぶったすがたではないか、という「仮装説」などもあるが、本当のところはまだわかっていない。

UMA事件簿

「ヒツジ男」の目撃情報は、カリフォルニア州にあるサンタ・ポーラに集中。ここにはビリワック・デリーという酪農工場があった。この工場が倒産してから目撃があいついだため、廃墟となった工場で秘密の実験が行われ、それによって生まれたのではという説がある。

87

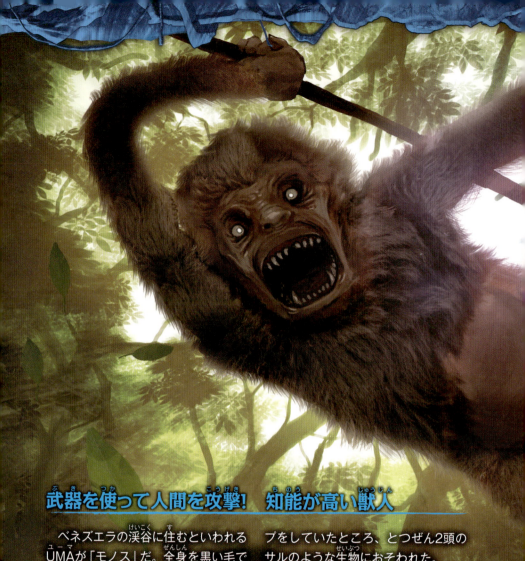

武器を使って人間を攻撃! 知能が高い獣人

　ベネズエラの渓谷に住むといわれるUMAが「モノス」だ。全身を黒い毛でおおわれ異常に長い手をもつ。
　体長は1.5メートル。性格は凶暴で、木の棒などの武器をつかって人間を攻撃するという。おそらく知能が高い生物だ。また、攻撃するときは非常に耳ざわりな声を出すという。
　「モノス」が最初に目撃されたのは1920年。スイスの地理学者・ロイスがエル・モノ・グランデ渓谷でキャンプをしていたところ、とつぜん2頭のサルのような生物におそわれた。
　ロイスはそのうち1頭を射殺。もう1頭には森に逃げられてしまった。ロイスはその死体の写真を撮影。頭がい骨は証拠として持ち帰ろうとしたが、探検中に原住民におそわれ壊れてしまった。ロイスはそのことに気を落としたのか、骨をその場に捨ててしまったという。しかし、このときの写真が9年後に公開され、大きな話題となった。

二章 モノス

UMAデータ

レア度	★★
大きさ	1.5m
場所	山
すがた	全身を黒い毛でおおわれ、異常に長い手をもつ
特徴	凶暴で、木の棒などで人間をおそう
国・地域	ベネズエラ
仮説	クモザルの変種

UMA事件簿 モノス

File 1 モノスのメスがオスをかばって死亡

ロイスが2頭の「モノス」に遭遇したとき、彼らはフンを投げつけてきたという。こうした行動はゴリラなどと共通している。また、ロイスはオスと思われる方に発砲したが、メスがそれをかばうようにして弾丸を受け死亡したという。

1954年にはロイスが遭遇したのと同じ渓谷で、イギリス人のハンターが2頭の「モノス」におそわれている。このとき、ハンターは1度捕まりかけたが、なんとか逃げて命びろいしたというのだ。

射殺された方はロイスによって写真に撮られた。

File 2 モノスはクモザルが突然変異したもの？

「モノス」の正体はクモザルの変種ではないかという意見がある。「モノス」はもともとスペイン語でサルを意味する言葉。サルの中でもとくにクモザルに特徴が似ていることからこの説がとなえられるようになった。

クモザルは2本足で歩き、手には4本の指がある。また長いしっぽも特徴だ。実際にクモザルをみてみると、「モノス」に非常に近いすがたをしていることがわかるはずだ。

モノスに特徴の似たクモザル。主に南米に生息している。

File 3 未知の類人猿である可能性も

ショッキングな写真や目撃情報が公開されたため、世間ではその正体は何なのか、さまざまな議論がおこなわれた。日本のテレビで「モノス」とされる映像が放送されたこともあり、話題となった。

その正体に関して、ほかには未知の類人猿説や、クモザル以外の動物が突然変異で巨大化したなどの意見がある。いずれにせよ、「モノス」は生息の可能性がかなり高い。今後の本格的な調査が待たれている。

UMAデータ

レア度	★★	特徴	獲物をツメで引きさく
大きさ	2m　場所　街	国・地域	アメリカ
すがた	頭部はトカゲ、体は人間	仮説	恐竜の進化、ヒト型は虫類

二章 リザードマン

鋭いツメで人間を引きさく危険生物

「リザードマン」はアメリカのサウスカロライナ州ビショップビル湿地帯に出没するとされる生物。

2本足で立って歩くが、顔はトカゲそのもの。全身は緑色のウロコでおおわれている。肉や植物を食べ物にしており、人間をおそうこともある。そのツメは一撃で獲物を引きさくほど鋭い。1988年以来、何十年にもわたり住民や軍人をおそいつづけている。

この「リザードマン」、目撃証言によってはしっぽが生えている場合と、生えていない場合がある。

いずれにせよ人間のように立ったり、走ったりするため、恐竜が進化した「ヒト型は虫類」ではないかという声が多い。また米軍の実験による「合成生物」ではないかという説もある。

多数の目撃情報以外に、ツメあとや歯型、足あとなどものこされているが、生きたままの捕獲にはまだ成功しておらず、正体も不明のままだ。

UMA事件簿

レプティリアン（ヒト型は虫類）を描いた絵。特徴が似ていることから、「リザードマン」もレプティリアンの仲間である可能性が高い。

ヨーウィ

火の使い方を知っているオーストラリアの巨獣

オーストラリア大陸に生息するとされる生物「ヨーウィ」。先住民のアボリジニーがこの名前でよんでいた、伝説の怪物だ。体長はおよそ1.5〜3メートルあり、2本足で立って歩く。全身は茶色の体毛でおおわれ、口には長いキバが生えている。手が長く、足が異常に大きい。

なかには火を使うことを知っているものもおり、高い知能をもつ。

「ヨーウィ」の最古の目撃証言は1795年。ヨーロッパからの移民が遭遇したと記録されている。

足あとの目撃談は数多く、なかには幅35センチ、長さ45センチの巨大なものまである。また、1970年にはかん高い声をあげ、森に入っていく「ヨーウィ」のすがたが目撃されている。

あるUMAハンターによれば、氷河期に大陸にやってきたメガントロプスの子孫ではないかというが、その正体はなぞにみちている。

UMAデータ

レア度	★★★
大きさ	1.5〜3m
場所	森
すがた	全身を茶色の体毛でおおわれ、長いキバをもつ
特徴	火の使い方を知っている
国・地域	オーストラリア
仮説	メガントロプスの子孫

二章

UMA事件簿

「ヨーウィ」が生息しているオーストラリアの森。「ヨーウィ」はオーストラリアの「ビッグフット」(→P98)ともよばれている。

大きいUMAランキング

UMAの多くが人間よりも巨大なすがたをしている。大きさは目撃者の証言をもとにしているため、実際はそれ以上に大きな体をしているかもしれない。本書に出てくるUMAを大きさ順に紹介しよう。

1位 クラーケン

体長はほかのUMAとは桁外れの2500メートル。船をまるごと海中へ引きずり込む。人間が島とまちがえて上陸するのも納得だ。

➡ P176

2位 ナーガ

「ナーガ」はインドのUMAだ。体長最大70メートルは、生息地とされる広大なメコン川にふさわしい大きさだろう。

→ P134

3位 シーサーペント

体長は20〜60メートルほど。中世時代から、いくつもの船をおそったという話が数多くのこっている。

→ P144

4位 ルスカ

フロリダで発見された「ルスカ」と思われる約30メートルの死体も、全長の半分ほどといわれている。

→ P208

5位 ミニョコン

現在の地球上で最大の生物シロナガスクジラよりも大きく、体長はおよそ45メートルだ。

→ 152

二章

ビッグフット

世界でもっとも有名な毛むくじゃらのUMA

「ビッグフット」は世界でもっとも有名なUMAといえるだろう。ロッキー山脈など、カナダやアメリカの山岳地帯で目撃されており、身長は2メートル以上ある。

「ビッグフット（大きな足）」という名のとおり、発見された足あとは最大で45センチもある。そこから推定された体重は200〜350キロであった。

すがたは全身毛むくじゃらで、目がくぼみ、ひたいが前にせり出している。2本の足で歩き、ふだんは単独行動だが、ときどき親子や、オスとメスのペアで移動するすがたが目撃される。

人間に対しては岩を投げる、なぐるなどの攻撃を行う凶暴なUMAだ。この巨大な体におそわれたら人間はひとたまりもないだろう。

1970年代には森の中で木の枝をはこんでいるところが目撃されているところから、道具をつかうなど知能が高い可能性も考えられる。

UMAデータ

レア度	★★★
大きさ	2〜3m
すがた	全身毛むくじゃらで大きな足をもつ
特徴	岩を投げる、なぐるなどの攻撃を行う
国・地域	カナダ、アメリカ
場所	山
仮説	原人の生きのこり

UMA事件簿
ビッグフット

File 1 歩くすがたをとらえた衝撃のフィルム

「ビッグフット」の目撃情報は2400件以上にものぼっている。中でも有名なのが、1967年にロジャー・パターソンとボブ・ギムリンが「ビッグフット」が歩くすがたを撮影した映像だ。それが「パターソン・フィルム」とよばれる16ミリフィルム。メスと思われる「ビッグフット」が歩きながらふりかえるシーンがおさめられていた。この映像は世間に衝撃をあたえ、「ビッグフット」がUMAの代表的な存在となった。

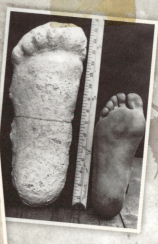

左:「パターソン・フィルム」に映された「ビッグフット」。右: 発見された足あとの型。人の倍近くある。

二章

File 2 ビッグフットは実はおだやかな性格⁉

多くの目撃者の証言から、岩を投げる、なぐるなどの凶暴な一面をもつと考えられる「ビッグフット」。

しかし、逆に「おだやかな性格で無害」だとする目撃証言もある。その話によれば、「ビッグフット」は人間がなにもしなければ、黙ってその場を立ち去るらしい。

これが本当なら、こちらが何もしなければ安全かもしれないが、まだわからないことも多いので、もし出会ったとしても近づくのはやめた方がいいだろう。

「ビッグフット」は「サスカッチ」ともよばれていて、ロッキー山脈近くには標識がある。

File 3 ネアンデルタール人の生きのこり?

「ビッグフット」の正体については、ネアンデルタール人の生きのこり説、北京原人やジャワ原人の生きのこり説などが有力だ。とくにネアンデルタール人に関しては、体毛がわずかに赤いことが共通している。

しかし、原人やネアンデルタール人の化石は、中国やヨーロッパで発見されており、アメリカやカナダでは発見されていない。「ビッグフット」の正体について、今後の調査に期待したい。

101

神出鬼没! 日本の田舎に騒動を巻き起こした猿人

「ヒバゴン」は広島県比婆郡西城町で目撃された未確認生物。比婆郡のヒバをとってこの名前がつけられた。

最初に現れたのが1970年。農家の男性が、人間のような顔をしてこちらをギロリとにらむ猿人と出会った。頭が巨大で髪を逆立てたような逆三角形になっている。身長は約1.5メートルで、全身黒い毛におおわれていた。その後、比婆郡のダムのまわりで同じような猿人の目撃例があいついだ。なかには胴まわりが人間の2倍ほどあるものもいたというが、いずれも足をひきずっており、同一の猿人だと考えられている。町では子どもたちが集団登下校するほどのさわぎになった。

この「ヒバゴン」騒動は数年続いたが、1974年を最後にぴたりとすがたを見せなくなった。そのかわり1980年以降、同じような生物が近隣の山野町や久井町に出現して、それぞれ町名から「ヤマゴン」、「クイゴン」とよばれた。それらは「ヒバゴン」と同じ生物なのかはいまだにわかっていない。

UMA事件簿

広島県庄原市にある「ヒバゴン」の像。ヒバゴンのたまごというお菓子も土産物として売られている。大騒動を引き起こしたUMAだが現在は町の人気者となっている。

UMAデータ

- **レア度** ★★★
- **大きさ** 2m
- **場所** 街、湖
- **すがた** 顔はイヌにそっくりだが2本足で立って歩く
- **特徴** 鋭いキバや前足で人間や動物をおそう
- **国・地域** アメリカ
- **仮説** 巨大化したイヌ、オオカミ

二章

ミシガンドッグマン

猛スピードで獲物をおそうイヌ人間

アメリカのミシガン州ではたびたび凶暴な「イヌ人間」の情報が報告されている。それが「ミシガンドッグマン」とよばれるUMAだ。

顔はイヌにそっくりだが、2本足で立って歩き、車と同じくらいの速さで走ることができる。全身をくまなく毛でおおわれており、鋭いキバや前足で人間や動物をおそって食べる。

ミシガン州では1967年にボートで釣りをしていた人が、イヌと人間を合わせたような顔の生物におそわれそうになったという。また、1970年代には巨大な2本足の怪物のすがたがビデオに撮影された。そこには高速で移動し人間をおそうすがたがはっきりと映し出されている。2008年にはベビーシッターの女性2人が、深夜に動物のおたけびを聞き、窓を開けると外にイヌに似た怪物が立っていたという。「ドッグマン」の正体は巨大化したイヌやオオカミとする説が有力だ。

UMA事件簿

1991年10月31日夜、夜道をドライブしていた18歳の少年が小動物をひいてしまった。驚いて車を降りた少年は、おそろしいものを目撃する。2メートル以上はある、耳のとがった毛むくじゃらの生物が、少年がひいたとおぼしき小動物の死体をつかんでいたのだ。この生物が「ミシガンドッグマン」だったといわれているが、真偽のほどはさだかではない。

105

バウォコジ

さまざまな動物に変身するなぞの生命体

「バウォコジ」は南アフリカ共和国のカルーという町に出現するなぞの生物だ。2011年の4月ごろ、現地の住民がスーツすがたの人間に声をかけると突然ブタに変身。また、別の住民の前ではコウモリに変身して飛び去ったという。この情報が広まると、町は大混乱になり、警察も出動するほどの騒ぎになった。

その後もイヌへの変身、サルへの変身などの目撃情報がある。現地では自由自在にすがたを変える怪物としておそれられている。

UMAデータ

レア度	★★★
大きさ	さまざまな大きさに変化
場所	街
すがた	変身前はスーツを着た人間
特徴	ブタやコウモリに変身する
国・地域	南アフリカ共和国
仮説	不明

二章

フロッグマン

2本足で歩く臆病なカエル人間

背ビレ、水かきがあり、顔はまるでカエルのようだが、人間のように直立する。そんな不思議な生物が「フロッグマン」だ。皮ふがヌメヌメしており、身長は50〜120センチと人間の子どもぐらいの大きさ。アメリカのオハイオ州リトルマイアミ付近で何度も目撃されている。最初は1955年5月深夜で、3匹の「カエル人間」が歩いているのが目撃され、つづいて1972年には警官が遭遇。近よって来なかったことから、臆病なのかもしれない。

UMAデータ

レア度	★★★
大きさ	50〜120cm
場所	川
すがた	皮ふがヌメヌメとしている
特徴	二足歩行をする。臆病で無害
国・地域	アメリカ
仮説	カエルの突然変異

アスワン

イヌとトカゲのすがたを合わせもつ吸血生物!

　2006年にある1枚の写真が人びとに衝撃を与えた。そこに写っていたのは、フィリピンに古くから伝わる怪物「アスワン」だ。

　頭部はイヌに似ているが、体はトカゲでつばさをもち、空を自由に飛び回る。複数のすがたを合わせもつ生物で、体長は1.5～2メートルと巨大だ。

　「アスワン」の目撃情報はフィリピンのパラワン島に集中している。2005年には農作業中の男性が「アスワン」に特徴が似た怪物に連れ去られそうになる事件が発生。

　また、2006年には猟師が後ろから突然何者かにおそわれ気絶。命はとりとめたものの、大量の血液を吸われていたという。この事実は人びとを震えあがらせた。現地では「伝説のアスワンがすがたを現した」と大騒ぎになる人や、巨大なコウモリの見まちがいだとする人もいて、真相ははっきりしておらず調査も進んでいない。

UMAデータ

レア度 ★★★	特徴 人間の生き血を吸う
大きさ 1.5～2m　場所 空	国・地域 フィリピン
すがた イヌの頭部にトカゲの体、つばさをもつ	仮説 オオコウモリ

二章

UMA事件簿

「アスワン」が生息するビサヤ諸島。熱帯雨林におおわれた高い山岳地帯になっているため、開拓が進んでおらず、まだ知られていない生物がひそんでいる可能性もある。

UMA事件簿

川沿いで撮影された「バヒア・ビースト」。目撃証言によるととてもおそろしいすがたをしている。しかし、泥にまみれた人間説もある。泥で髪を立たせれば、ツノのようになり、体も黒くなる。この説の真偽はさだかではないが、真相解明が待たれる。

バヒア・ビースト

奇怪なすがたを写真におさめられたブラジルの怪人

「バヒア・ビースト」は2007年7月にブラジル・バヒア州ポートセグロの川で発見された怪人。アメリカから旅行でブラジルを訪れていた15歳の少女がそのすがたを写真におさめて世間に公開した。

その写真によれば、怪物は魚を手にもち、川から上半身を出している。全身が黒光りしていて、頭にはツノのようなものが見える。一見して黒い怪人のようだが、黒光りしているのは全身についた「泥」の可能性もあり、本当の皮ふの色はわからない。

ツノに関しては「人間の髪が泥で固まったものではないか」という説もあるが、写真をよく見ると髪のようなものはなく、ツノも本物に見える。目もとても人間のものとは思えないおそろしい目つきをしている。

いずれにしてもこれ以外に目撃情報もなく、さまざまな推測をよんでいる未確認生物だ。

UMAデータ

レア度	★★★
大きさ	人間と同じくらい
場所	川
すがた	全身は人間に似ているが、頭にツノをもっている
特徴	魚などをとって食べる
国・地域	ブラジル
仮説	不明

テティス湖の半魚人

鋭いトサカで人間を切りつける半魚人

　カナダのブリティッシュ・コロンビア州テティス湖には半魚人が生息しているといわれている。

　目撃情報によれば、体長は1.5メートルと小さく、全身をウロコでおおわれている。また頭部には6本のトゲ、もしくはトサカが生えている。人間のように2本足で立って歩くことから「半魚人」とよばれているが、全体の印象としては「ヒト型は虫類」といってもよいかもしれない。

　最初に目撃されたのは1972年の夏。地元の少年2人が、湖近くのレクリエーションセンターで遊んでいたところ、奇怪な生き物が突然水中から飛び出してきた。その怪物は2人の少年を追いまわし、頭のトゲで少年のひとりにケガを負わせた。

　それから数日後、少年たちの話を聞いた警察官が巡回していると、ふたたび半魚人があらわれた。このときは、すぐに水中にもぐったという。

UMAデータ

レア度	★★★
大きさ	1.5m
場所	湖
すがた	全身をウロコでおおわれ、顔は人間に似ている
特徴	頭のトゲで人を攻撃する
国・地域	カナダ
仮説	半魚人、トカゲの変異

UMA事件簿
テティス湖の半魚人

File 1 最初に目撃したのは2人の少年

カナダのテティス湖で2人の少年が遊んでいたところ、突然水面から現れた「テティス湖の半魚人」を目撃。「テティス湖の半魚人」に追い回され、ひとりは切り付けられてしまった。これが「テティス湖の半魚人」の最初の目撃情報だ。

少年達からこの話を聞いた警察は捜査を行い「テティス湖の半魚人」を発見したが、すぐに水中にもぐってしまった。

カナダにあるテティス湖。ここに半魚人がひそんでいるのか……。

二章

File 2 テグートカゲの巨大化という説も

最初の目撃情報が広まった後、新聞にある住人がペットにしていたテグートカゲが脱走していなくなっていたというコメントが掲載された。この事実から、少年はこの脱走したテグートカゲを見まちがえたのではないかと報じられた。テグートカゲは大きくなると120センチの大きさになる。しかし、二足歩行はしないので、目撃情報とは異なっている。また、カナダの湖では生きられないのでは、と疑問視する声も多いが、真相は不明だ。

テグートカゲ。1メートル以上にもなる大型のトカゲだ。

File 3 2回目の目撃証言は真っ赤なウソ!?

最初の目撃のあと、警察は怪物の外見を発表した。それによれば、怪物は手足に水かきがあり、顔は人間によく似ており、耳が大きかったそうだ。事件は9月に地元の新聞で報じられたが、その後すぐに半魚人を見たという別の少年が出てきた。少年によれば、怪物は水面に出てきてすぐにすがたを消したという。ところが、この少年の証言は後にウソであることが判明した。しかし、半魚人を見たという証言はたしかにあり、真相解明が待たれる。

115

UMAデータ

- レア度 ★★★
- 大きさ 2〜3m
- 場所 街、沼
- すがた 全身を毛でおおわれ、大きな赤い目をもっている
- 特徴 悪臭をはなつ。鋭いツメで攻撃する
- 国・地域 アメリカ
- 仮説 巨大な類人猿

二章

フォウク・モンスター

悪臭をただよわせる毛だらけのUMA

　アメリカのアーカンソー州南部の小さな町フォウクには巨大なUMAが現れる。それが「フォウク・モンスター」だ。目撃者によれば体長は約2メートルだが、中には3メートル近かったという証言もある。顔もふくめ全身を毛でおおわれており、目は大きく赤い。二足歩行で動きはすばしっこく、鋭いツメで攻撃してくる。また、おそろしいほどの悪臭をはなつという。最初の目撃は1908年とする説や1946年とする説などあるが、それ以外でも現地ではたびたび家畜がいなくなり、大きな問題になっている。

　1971年には民家の庭先に怪物が現れたため、住人が発砲したが、怒った「フォウク・モンスター」につかまえられ、強い力で投げとばされたという。このときは玄関に引っかいたようなあとと、3本指の足あとが見つかった。この「フォウク・モンスター」は人間をおそれることはないようで、しばしば民家に近づき、2005年にも住民がおそわれる事件が発生した。

UMA事件簿

「フォウク・モンスター」が目撃されたアーカンソー州のフォウク地区の沼。悪臭はこの沼の臭いが染みついているせいだろうか。

117

中国の山に住むなぞの人型 UMA

　ビッグフット（➡P98）、イエティ（➡P80）と合わせ、世界3大獣人とよばれるのが「野人」だ。
　「野人」の体格は人間に似ており、身長は約2メートル。赤茶色の体毛で全身をおおわれており、二足歩行をする。顔は人間そっくりで唇が突き出している。巣は山の中の洞窟や木の上などで、植物や木の実を食べて生活しているという。さらに人間に会うと笑うという報告もある。

　目撃情報は中国の湖北省・神農架林区に集中し、現地では役人から村民まで多くの人がこの怪物を実際に目撃している。
　そのため、1974年には中国科学院が学術調査を開始した。現在でもいくつかの団体が調査、研究をおこなっている。その正体については古代類人猿ギガントピテクスだという説や、人間が環境にあわせ「多毛」になった説などさまざまだ。

UMA事件簿

「野人」は赤茶色の体毛や体格など、オランウータンにも似ている。類人猿が独自の進化をとげた新種なのかもしれない。

野人

二章

UMAデータ

レア度 ★★☆	特徴 運動能力が高い。人に会うと笑う
大きさ 2m　場所 山	国・地域 中国
すがた 全身を赤茶色の体毛でおおわれ、顔は人間に似ている	仮説 古代類人猿、人間進化

二章

モンキーマン

ヘルメットをかぶった危険なサル型UMA

　2001年5月、インドのニューデリーで「モンキーマン」とよばれる未確認生物が現れた。
　このサルに似た生物は、ある夜突然現れ大暴れし、暑さのため屋外で寝ていた人びとに対して、引っかく、噛む、首を絞めるなどの暴行をくりかえした。その後も毎晩のように現れたという。
　被害者は100人を超え、なかには恐怖のあまり屋根から転落し、死亡するものもいた。結局、この騒ぎは警察官1000人を動員する大騒動になった。
　この「モンキーマン」、目撃者の話をまとめると、じつに奇妙なかっこうをしている。なんとサルがヘルメットとズボンを着用し、クツまではいていたというのだ。身長は約1.4～1.6mと証言によって異なっており、小さな体ですばしっこく動く。10メートルの高さまでジャンプしたのを見たものもいる。それらの証言から、正体は軍が開発した動物兵器だというとんでもない説まで出てきたそうだ。

UMAデータ

レア度	★★★		
大きさ	1.4～1.6m	場所	街
すがた	サルに似ており鋭く長いツメをもつ		
特徴	引っかく、噛むなどの攻撃を行う		
国・地域	インド		
仮説	軍が開発した動物兵器		

UMA事件簿
モンキーマン

File 1 モンキーマンに懸賞がかけられた

2001年5月の「モンキーマン」が現れ、大暴れした事件から、デリー警察は手配書を出し、5万ルピー（約15万円）の懸賞金をかけた。この懸賞金は当時のインドではかなりの高額だった。手配書によれば、そのすがたは「全身を黒い毛でおおわれた生物」、「黒の服を着てヘルメットをしている」という2種類。

しかし、「モンキーマン」はつかまらず、目撃者の中には「モンキーマン」を見て孫悟空が現れたという人もいたそうだ。

中国の小説『西遊記』に登場する孫悟空。「モンキーマン」に似ているという。

二章

File 2 類人猿の突然変異が正体?

「モンキーマン」については、ほかにもさまざまな説がある。ひとつは類人猿の一種、または、類人猿が突然変異したものという説。逆に、人間がサルのように突然変異したという説もある。人間と同じような服装をしていたのが事実なら、知能の高い生物と考えることができるだろう。

宇宙人のペットで地球外生命体だととなえる人や、生物兵器という人まで現れているが、何にせよ正体はわからないままだ。

インドに生息するアカゲザル。野生のサル説も有力だ。

File 3 腕を嚙みちぎるUMAがふたたび出現

騒動の1年後、今度はニューデリーの近郊で怪物騒ぎが起きた。村民が鋭いツメをもつ生物におそわれたというのだ。被害者のひとりは腕の肉を嚙みちぎられたと証言している。このUMAは「ムノチュワ(爪を立てるもの)」とよばれたが、目撃証言が「カメに似ている」、「長い髪の男」などおかしなものが多かったため、「モンキーマン」と同じ生物なのかは不明。しかし、ニューデリー近郊に危険な生物がいる可能性は高い。

123

アルマス

自動車なみの速度で走るロシアの獣人

世界の獣人UMAの中で、もっとも人間に似た顔をもつのが「アルマス」だ。体長は約2メートルで、性格は温厚。赤茶色の毛に全身おおわれており、二足歩行をする。ときに時速60キロという自動車なみのスピードで走るというから驚きだ。また、逃げるときは「ブーン、ブーン」という奇妙な声を出すともいわれている。

ロシアのコーカサス地方を中心に目撃され、500件以上の情報がよせられている。その情報には共通点が多いことから、実在の可能性が高いと考えられている。

1992年にはロシアとフランスの科学者による合同調査が行われ話題になった。そのときには「アルマス」の巣や食事のあと、排泄物なども見つかったという。

現在では、さまざまな証拠や証言から、原人「ネアンデルタール人」の生きのこり説が有力だ。

UMAデータ

レア度	★★☆
大きさ	1.6〜2.2m
場所	山
すがた	人間のような顔つきで、全身赤茶色の毛でおおわれている
特徴	性格は温厚。逃げ足が速い
国・地域	ロシア
仮説	ネアンデルタール人の生きのこり

二章

UMA事件簿

目撃証言から「アルマス」は、人間の祖先である写真のようなネアンデルタール人の生きのこり説が有力。これが本当なら人間に近い顔をしていることもうなづける。

二章

ハニー・スワンプ・モンスター

ヘドロのような悪臭をはなつヌメヌメの半魚人

　アメリカ、ルイジアナ州南部の湿地帯にあるハニー・アイランド沼。ここにはヘドロのような悪臭をはなつ「ハニー・スワンプ・モンスター」がひそんでいる。
　全身がヌメヌメした毛、もしくはウロコのようなものにおおわれており、直立し二足歩行で移動する。いわゆる半魚人タイプのUMAだろう。
　体長は1.5〜2メートルもあり、黄色い不気味な目と4本指（3本という説もある）の足をもつ。手には鋭いツメがあり、イノシシを一撃で切りさいてしまうという。
　最初に目撃されたのは1963年で、狩りにいった人がキャンプ場で休んでいるとき、悪臭とともに4体の怪物が出現した。このときは銃で撃ったため、怪物は沼へと消えていった。
　その後も沼の近くでイノシシの死体が発見されるなどの事件がおき、現地の人びとを恐怖におとしいれている。

UMA事件簿

「ハニー・スワンプ・モンスター」が生息しているというハニー・アイランド沼。見るからに不気味だ。

生命の進化

進化をしたものと、しなかったもの

　動物、植物、魚類、昆虫のほとんどが、進化をとげた結果、現在のすがたになっており、それぞれもとをたどっていくと、およそ40億年前にはじめて地球の海で誕生した、ひとつの小さな生命体にたどりつく。そこから長い時間をかけ、海の中で生態が分かれはじめ、さらに陸に上がるもの、海にのこるものと分かれていき、進化をつづけていった。

　UMAも現在の動物たち、もしくは過去に生きていた生物たちが知らないところで進化をとげたすがたなのかもしれない。

　現在の鳥類やは虫類は、古代生物が進化の過程で分かれた種族といえる。同様に「ネッシー」（➡P162）をはじめ、「ローペン」（➡P42）、「ナウエリート」（➡P150）のように古代生物の生きのこりと考えられているUMAも多い。

　特に水にひそむUMAに古代生物のような特徴が多く見られる。正体が確認されているシーラカンスやオウムガイのように何億年もすがたを変えずに、現在も生き続けている生物もいる。これらは「生きた化石」とよばれている。

　本書で紹介しているUMAは奇妙なすがたをしたものもいるが、それは進化の過程で得た、もっとも環境に適したすがたなのかもしれない。人間も「類人猿」とよばれる高い知能をもったサルの仲間が環境に適応するために進化したすがたといわれているが、もしその途中で、人間にならず別の進化をとげたものがいたら、「野人」（➡P118）、「ビッグ・フット」（➡P98）のようなすがたに、あるいは「オラン・イカン」（➡P84）のように、水中でふたたび暮らしはじめたものがいても何も不思議ではないはずだ。

シーラカンスは3億5000万年前と変わらないすがたで現在も生息している。

三章

水獣(すいじゅう)

広大な海や怪(あや)しげな湖(みずうみ)などには、UMA(ユーマ)がたくさん生息(せいそく)している。そんな水中のUMA(ユーマ)は、絶滅(ぜつめつ)したはずのは虫類(ちゅうるい)に似(に)たすがたをしていることが多い。

ジャノ

潮をふくトルコの巨大水中生物

　トルコ東部の大きな湖、ヴァン湖で目撃される巨大生物が「ジャノ」だ。体長は15〜20メートルと大きく、クジラのように体を上下に揺らしながら泳ぐ。ふだんは湖の底深くにひそんでいるが、ときどき水面に現れクジラのように潮をふく。水上でジャンプすることもあるというからおどろきだ。性格はおとなしく人間を攻撃することはない。「ウォー」という低い鳴き声をあげることもあるという。

　1990年代から目撃情報が増え、1994年には地元の副知事と議員が「ジャノ」に遭遇したと証言。1997年

三章

UMA事件簿

目撃証言から「ジャノ」
は古代生物の生きのこ
りである可能性が高い。
写真の古代生物バシロ
サウルスというクジラ
の仲間とは体が長いと
いう特徴が共通する。

には大学の研究生によってブクブクと
泡を出しながら水面を泳いでいる鮮明
なすがたがビデオに撮影された。
　その正体は絶滅したクジラ・バシロ
サウルスの生きのこりではないかとす
る説が有力だ。ヴァン湖は水の深さが
400メートルのところもあり、古代生
物がひっそりと生きのびるには絶好の
場なのだ。

UMAデータ

レア度	★★☆		
大きさ	15〜20m	場所	湖
すがた	クジラに似ている		
特徴	体を上下に揺らして泳ぎ、潮をふく		
国・地域	トルコ		
仮説	古代クジラの生きのこり		

131

ニンキナンカ

目撃者は死にいたるという恐怖の UMA

アフリカ、ガンビア共和国の国立公園で発見された水生生物が「ニンキナンカ」だ。沼地に住み、すがたはツノを生やしたウマのような頭と、ワニやヘビのような長い胴体をもつ。体長は10～50メートルとかなり巨大だ。

「ニンキナンカ」は現地のことばで「悪魔の竜」を意味している。竜という名のとおり、一説では炎をはき、つばさをもつとされている。現地では、この生物を目撃した人間は病気になっ

て数週間で死ぬとのいい伝えがある。

はじめて目撃されたのは2003年。国立公園の自然保護官がこの巨大な生物を発見した。その後、保護官がどうなったかは不明だ。2006年にはイギリスの動物学者を中心とした研究チームが「ニンキナンカ」の調査に乗り出したが、目撃はおろか、生息しているという証拠すらつかめなかった。調査した学者は「実際に存在するかどうかは疑問」と語っている。

UMAデータ

レア度	★★★
大きさ	10～50m
場所	沼
すがた	ウマのような頭で、ワニやヘビのような長い胴体
特徴	目撃すると病気になり死ぬ
国・地域	ガンビア共和国
仮説	不明

三章

UMA事件簿

「ニンキナンカ」が住むとされるガンビアの湿地帯。マングローブが生い茂っており、生物が隠れるには絶好の場所だ。

獲物を丸飲みする海のモンスター

世界各地の海で目撃されている未確認生物が「シーサーペント」だ。ヘビのように細長い体をもち、体長は最大60メートルにも達する。ギザギザの歯、とがった頭が特徴的で、性格は非常にどう猛だ。体の色は緑色だが、腹だけはクリーム色だったという目撃証言もある。

クジラのように頭から潮をふき、獲物をみつけると丸飲みしたり、噛みついたり、締めつけたりするなどの攻撃を行う。もっとも古い目撃情報は2300～2400年前までさかのぼる。ギリシャの哲学者アリストテレスが書いた記録の中に「巨大なウミヘビがリビア沖で船をおそい転覆させた」とあるのだ。18世紀以降、目撃情報が急激に増えていくが、とくに船乗りからのものが多い。

最近では巨大なリュウグウノツカイやオオウナギであるという説が有力だといわれている。

UMAデータ

レア度	★★★	
大きさ	20～60m	場所 海
すがた	ギザギザの歯、とがった頭。細長い緑色の体	
特徴	どう猛な性格で、獲物を丸飲みする	
国・地域	世界各地	
仮説	リュウグウノツカイ、オオウナギ	

UMA事件簿 シーサーペント

File 1 南アフリカ沖で目撃されたUMA

「シーサーペント」の情報でもっとも有名なのが、イギリスの護衛艦デイダラス号のものだ。

1848年、南アフリカの喜望峰と南大西洋のセントヘレナの中間で、艦長ほか8名が100メートル先を泳ぐ怪物を目撃した。

全長は30メートル近くあり、20分ほど泳ぐと、水平線のかなたへ消えていったという。

このときは距離があったため、歯やヒレなど細かい特徴はよく見えなかったが、タテガミのようなものがかろうじて確認されたという。

1964年、オーストラリアで「シーサーペント」が撮影された。

三章

File 2 最初の目撃は神話の時代!?

古くはギリシャ神話や『旧約聖書』にも登場する「シーサーペント」。いまから2700年以上も前に、アッシリアの王サルゴン2世が航海の途中で「シーサーペント」に出会ったという。1892年にはオランダの動物学者であるウードマンスが、著作の『大海蛇』の中で正体を検証。それによれば「シーサーペント」は長い首としっぽをもったアザラシのような生物であるという。

多くの文献に「シーサーペント」の存在が記されているぞ。

File 3 シーサーペントの正体とは……?

「シーサーペント」は、南極やアメリカのサンフランシスコなど、さまざまな地域に出没している。
その正体については、深海にいる巨大な生物リュウグウノツカイではないかという説が有力だ。

また、巨大化したウミヘビだという意見もある。中には体長15メートルを越えるメガロドンという古代ザメの生きのこり説をとなえる人もいる。世界各地で目撃されているが、正体はいまだ不明だ。

137

UMA事件簿

「チャンプ」をはじめて目撃したのは冒険家サミュエル・ド・シャンプラン。シャンプレーン湖の名づけ親でもある。

三章

チャンプ

ヒゲを生やした アメリカのネッシー

アメリカの北東部に位置するシャンプレーン湖。全長が170キロにもおよぶこの湖に生息しているのが「チャンプ」だ。恐竜型の怪物で、ネッシーによく似ているが、首に突起、顔には太いヒゲがある。攻撃的で獲物の魚を見つけると突撃するという。

「チャンプ」の目撃情報は数多くある。1977年にはピクニックで現地をおとずれた女性が、そのすがたを写真におさめている。写真には約40メートル沖合に現れた「チャンプ」が映っており、コンピュータで調べたところ、水面に出ている部分だけでも7メートル近くあったという。また2006年には釣り人が撮影した「チャンプ」の動画がテレビで流され話題になった。

正体については、絶滅したプレシオサウルスという水棲は虫類の生きのこり説が有力だ。

UMAデータ

レア度 ★★★	特徴 攻撃的な性格で獲物を見つけると突撃する
大きさ 7〜24m　場所 湖	
すがた 首に突起、顔には太いヒゲがある	国・地域 アメリカ
	仮説 プレシオサウルスの生きのこり

139

ゾウのような長い鼻をもつ巨大な海獣

1922年、南アフリカ共和国の沿岸で2頭のシャチと戦うすがたを目撃されたのが「トランコ」だ。大きさは約15メートルとかなり巨大。体には長さ20センチほどの毛が生えており、ゾウのような長い鼻がある。中には、ロブスターに似たしっぽがあったという証言もある。

「トランコ」という名前は「トランク」からきており、これは英語で「ゾウの鼻」を意味している。

シャチとの戦いで「トランコ」は、長い鼻をふりまわし応戦していたのだが、結局敗れてしまい、頭部は食いちぎられ、その死体が海岸に打ち上った。しかし、死体にはなぜか血がのこっていなかったという。

正体についてはクジラ説、ウバザメ（サメの一種）説などがあるが、「トランコ」のような特徴をもつ生物は太古にも現在にもいないため、「未知の生物」とする意見も多い。

UMA事件簿

写真のゾウアザラシも長い鼻をもつ。ただ、目撃情報によると、「トランコ」は鼻の長さが人の背たけほどあるという。

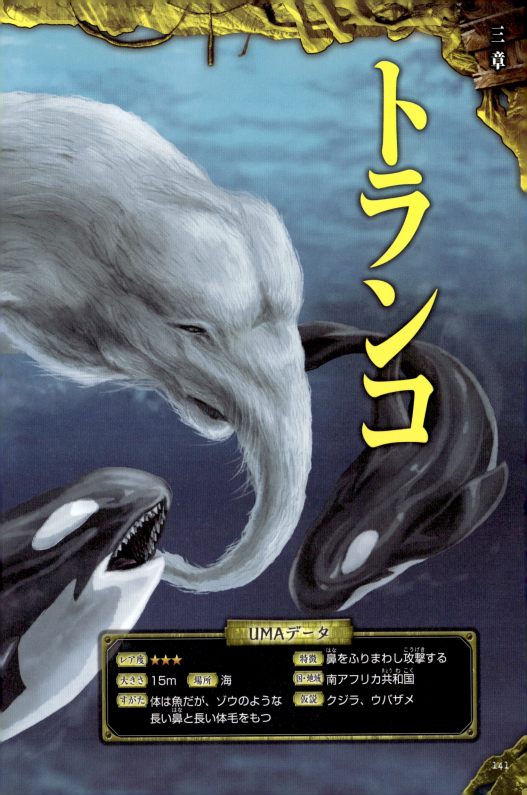

セルマ

顔はウマ、体はヘビの奇妙な水棲UMA

　頭はウマかシカ、体は巨大なヘビという奇妙なすがたをもつUMAが「セルマ」だ。ノルウェーのセヨール湖で目撃され、いままで100件以上の情報がよせられている。体は細長く、ヘビのように体をくねらせ水中を泳ぐ。体長は最大10メートルに達する。性格はおとなしく、人間を攻撃することはめったにない。

　2000年には調査団が結成され、2週間にわたる生け捕り作戦が行われたが、このときは何も成果がなかった。翌年、ふたたび調査が行われ、ようやく「セルマ」と思われる生物を写真におさめることができた。

　さらに、2004年にはビデオ撮影に成功した。映像では奇妙な声で鳴く「セルマ」のすがたが確認できる。この調査団は「セルマ」の正体はアゴのない原始的な脊索動物ヤモイティウスではないかと仮説をたてているが、はっきりとしたことはまだわかっていない。

UMAデータ

レア度 ★★★	特徴	性格はおとなしく、人間を攻撃することはない
大きさ 10m　場所 湖		
すがた 頭はウマでヘビのような細長い体をしている	国・地域	ノルウェー
	仮説	ヤモイティウス

UMA事件簿

目撃者の証言から「セルマ」にはアゴがない。写真のヤツメウナギも同じ特徴をもつが、「セルマ」はそれが巨大化したすがたかもしれない。

ナーガ

川から火の玉をはなつ巨大なヘビ

「ナーガ」は東南アジアのメコン川で目撃されたUMAだ。

竜やヘビのような体をもち、全身ウロコでおおわれている。頭には鋭い突起がいくつもある。これはツノかタテガミではないかといわれている。

実際、インドのスマトラ島ではツノが2本ある「ナーガ」の目撃情報が報告されている。

全長は10メートルから大きいものでは70メートルに達する。この巨体をくねらせながら川を泳いで獲物をさがす。口には鋭い歯があり、これで獲物にかみつくとされるが、何を食べているのかはまだわかっていない。

メコン川流域では、仏教の祭りのときになると、川から火の玉が上がるという不思議な現象が何度も目撃されている。現地のいい伝えによれば、これは「ナーガ」が口から火の玉を出しているというのだ。

UMAデータ

レア度	★★★
大きさ	10～70m
場所	川、湖
すがた	ヘビが巨大化したすがたで、頭に突起がいくつもある
特徴	鋭い歯で獲物にかみつく、口から火の玉をはなつ
国・地域	タイ、インドほか
仮説	巨大なヘビ

UMA事件簿

ナーガ

File 1 夜空に向かって火の玉をはくナーガ

「ナーガ」は、タイの東北に流れるメコン川に生息していると噂される。川を泳ぐすがたの目撃情報からこの噂は本当の可能性が高いだろう。この川では、水面から上空に向かって赤い火の玉がのぼる現象が目撃される。これが「ナーガ」のはく火の玉とされていて、その不思議な現象を見るために、毎年10月の満月の日は、バンファイパヤーナークという祭りが開催される。火の玉の大きさは、火花のように小さいものから、バスケットボールほどの大きさのものまで、さまだ。この火の玉は、本当に「ナーガ」がはいているものなのか真相解明が待たれる。

このおだやかな川で本当に火の玉など上がるのだろうか。

三章

File 2 ナーガは釈迦の守り神!?

　UMAとして知られる「ナーガ」はインド神話に出てくるヘビの精霊、蛇神ともいわれる。釈迦が悟りを開くとき守りの役目を果たしたとされ、それ以来、仏法の守護神になっている。そのため「ナーガ」の彫刻は、ヒンドゥー教や仏教の寺院によく飾られており、そのすがたを目にすることができる。「ナーガ」は寺院の入り口を守り固める存在なのだ。中には体からいくつもの頭が飛び出しているものもある。

ヒンドゥー教や仏教の寺院にはナーガの彫刻が見られる。

File 3 金色のウロコにおおわれたUMA

　そのほかの目撃情報としては第二次世界大戦中のものがある。それによるとマレーシアの警察将校がタセク・ベラ湖で泳いでいたところ、巨大な生物に遭遇したというのだ。生物は頭を5メートルほど水面から突き出して泳いでいた。このすがたは報告されている「ナーガ」の特徴にとてもよく似ている。
　ちなみに、そのとき目撃された「ナーガ」は、全身金色のウロコにおおわれていたという。

147

ミゴー

ウミガメのような手足とタテガミをもつUMA(ユーマ)

　パプアニューギニアの火山湖(かざんこ)、ダカタウア湖で何度(なんど)も目撃(もくげき)されているのが「ミゴー」だ。一見すると巨大(きょだい)なワニのようだが、首にウマのようなタテガミがあり、ウミガメのような手足をもつ奇妙(きみょう)な生物(せいぶつ)だ。また、しっぽはワニのものに似(に)ている。性格(せいかく)はきわめてどう猛(もう)で、満月(まんげつ)の夜には陸(りく)に上がり家畜(かちく)をおそうという。1994年には日本のテレビ局(きょく)によって水中を泳(およ)ぐすがたが撮影(さつえい)された。正体は水棲生物(すいせいせいぶつ)モササウルスの生きのこり説(せつ)が有力(ゆうりょく)だ。

UMAデータ

レア度	★★★
大きさ	10m
場所	湖(みずうみ)
すがた	ウマのようなたてがみとカメのような手足をもつ
特徴	どう猛(もう)な性格(せいかく)で陸(りく)に上がり家畜(かちく)をおそう
国・地域	パプアニューギニア
仮説	モササウルスの生きのこり

三章 ストーシー

ほえたり、突進したりする水棲獣

　スウェーデンのストゥルシェン湖にひそむとされる怪物が「ストーシー」。全長15メートルほどで、ヘビのような細長い体に、大きな尾ビレをもつ。顔つきはイヌ、ネコ、ウマなどさまざまで、目撃情報によって異なっている。敵に向かって突進する、ほえるなどの特徴も報告されている。

　1635〜2005年の間に500件以上の目撃例があり、現地の環境局が「絶滅危惧種」に指定して、殺したり、つかまえたりすることを禁止した。

UMAデータ

レア度	★★★		
大きさ	15m	場所	湖
すがた	ヘビのような細長い体に大きな尾ビレをもつ		
特徴	敵に向かって突進する、ほえる		
国・地域	スウェーデン	仮説	不明

149

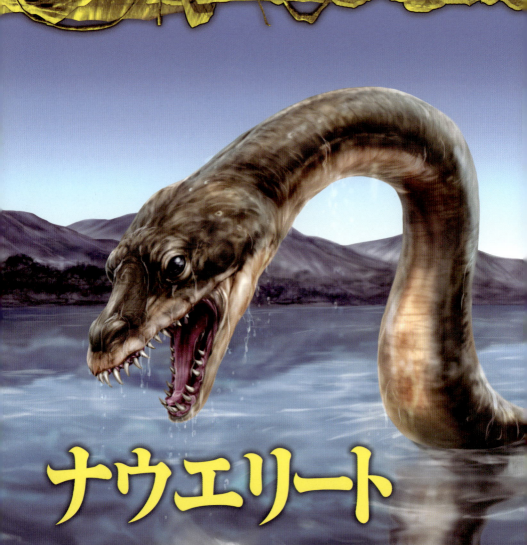

ナウエリート

魚のようなヒレをもつ南米のネッシー

　アルゼンチンのナウエルウアピ湖に生息しているのが「ナウエリート」だ。南米の「ネッシー」ともよばれている。恐竜によく似ているが、胴体には魚のようなヒレがついている。頭が小さく首が長い。背中には2つのコブがある。体長は5メートルから40メートルまでと、証言によってさまざまだ。

　最初に目撃されたのは1897年。地元の住人が湖の散歩中に遭遇した。それ以来、現地ではこの怪物の伝説が語りつがれている。

　1978年には、湖面から3メートルほど首を出した怪物が複数の人びとに

三章

UMA事件簿

2006年、アルゼンチンの新聞社に匿名の男性から「ナウエリート」だと思われる写真が送られた。新聞に掲載されるとこの生物は広く知られるようになった。

目撃されている。また2006年、「ナウエリート」だと思われる写真が公開されたが、本物かどうかいまだにわかっていない。
　現地では紙幣のデザインになったこともあるほど人気が高い。首長竜プレシオサウルスの生きのこり説が有力だが、正体の解明にはいたっていない。

UMAデータ

レア度	★★
大きさ	5〜40m
場所	湖
すがた	胴体にヒレがあり首が細長く頭部が小さい
特徴	水面から高く顔を出したまま泳ぐ
国・地域	アルゼンチン
仮説	首長竜の生きのこり

151

触手で船をおそう
超巨大ダコ

ルスカ

フロリダ半島の南東に位置するバハマ諸島には漁師たちが「ルスカ」とよぶ超巨大ダコが生息している。体長は20～30メートルで、中には60メートルのものもいる。ブルーホールとよばれる円形の海底洞窟にひそんでおり、海面から触手を出して船をおそうという。「ルスカ」という名は、バハマ国の神話に出てくる海の怪物から取ってつけられた。

1896年にフロリダ州のアナスタシアビーチで、全長30メートルにもなる奇妙な肉のかたまりが発見された。これをイエール大学のアディスン・ヴェリル博士が調査したところ、推定体重20トンの巨大ダコではないかという鑑定結果が出た。博士はこの生物に「オクトプス・ギガンテウス」（巨大ダコ）という学名をつけた。これは「ルスカ」の死体が海流でバハマ諸島から流れ着いたものだとされている。しかし、生きた「ルスカ」はまだつかまっていない。

UMAデータ

レア度	★★★		特徴	長い触手で船をおそう
大きさ	20～60m	場所 海	国・地域	バハマ国
すがた	超巨大なタコのよう		仮説	タコの突然変異

三章

UMA事件簿

海上に口を開けたブルーホール。周りより濃い青色で、とても神秘的だ。この中に「ルスカ」が住んでいるといわれる。

三章

ナミタロウ

5メートルもの巨体をもつなぞの怪魚

新潟県・糸魚川市の高浪の池では、1950年代から80年代まで「ナミタロウ」とよばれる超巨大な魚が何度も目撃されている。

体長は4〜5メートルで、そのうち尾ビレは約1メートル。ふつうのコイの大きさは平均約60センチなので、いかに巨大かがわかる。体はコイの仲間であるソウギョに似ている。

性格はおとなしく、人間をおそった情報はない。ふだんは池にすむ小魚や昆虫をとって食べていると思われる。

高浪の池は白馬山のふもとにあるが、池の管理人が何度も「ナミタロウ」を目撃している。また、1987年には登山客の目撃があいついだ。1989年には市内の住民が写真撮影に成功しているが、そのときの「ナミタロウ」は全長3.5メートルぐらいあったという。

正体については巨大化したコイやイワナではないかという説が強いが、不明な点が多くなぞがのこる。

UMAデータ

レア度	★★★
大きさ	4〜5m
場所	池
すがた	コイの仲間のソウギョに似ている
特徴	性格はおだやかで、人間を攻撃しない
国・地域	日本
仮説	コイの巨大化

155

UMA事件簿
ナミタロウ

File 1 池の水位が下がり、増えた目撃者

「ナミタロウ」の存在が知られるようになったのが1960年代。高浪の池の管理人が巨大な魚を目撃していた。

1987年には、大勢の釣り人や観光客が体長2〜3メートルの巨大魚を目撃し、ちょっとした騒ぎになった。管理人によれば、その年は日照りで池の水位が下がり、そのため目撃者が増えたのだという。

また、村おこしの一環として開催された「巨大魚フェスティバル」では、

池を泳ぐ巨大な背ビレが実際に撮影され、これが「ナミタロウ」ではないかといわれている。

「ナミタロウ」と思われる写真。大きな影が写っている。

三章

File 2　生息をたしかめる鍵は池の特徴!?

　巨大な「ナミタロウ」は人に見つかることなく、いったいどこに隠れているのだろうか?

　じつは、高浪の池は底が2重になっているという説がある。池の深さは平均16メートルほどとされているが、それは木が倒れてできたもので、その下にはさらに40メートルまで深さがあるというのだ。もし「ナミタロウ」がその深さで生息していたとしたら、巨大魚とはいえ見つけることは難しいだろう。

「ナミタロウ」の生息地といわれている高浪の池。

File 3　巨大コイ説は信ぴょう性が高い!

　正体とされる巨大コイ説には、魚がそれほど大きくなるのか、という指摘がある。ただ、日本では1950年ごろに2メートルのコイも捕獲され、コイが長生きした場合、さらに巨大になる可能性は十分に考えられる。

　ほかにも日本には巨大魚の目撃情報がある。山形県の「タキタロウ」が有名だが、こちらはマスやイトウなどサケ科の魚が巨大化したものと考えられている。ここから巨大コイ説は有力だ。真相解明に期待したい。

157

インカニヤンバ

群れをなして生活する巨大ウナギ

　南アフリカ共和国のホーウィック滝に生息しているといわれるUMA。現地に住むズールー族は、この生物を「インカニヤンバ」とよんでいる。
　外見は巨大なウナギやヘビに似ており、群れをつくり、動物やときには人間の肉を食べて生活している。

　滝の近くでは中身が二重になっている不思議なタマゴが発見され、「インカニヤンバ」が産んだものとして話題になった。
　「インカニヤンバ」は夏の時期だけ別の水場に群れで移動すると考えられている。実際、滝から70キロ離れた

三章

UMA事件簿

生息地とされるホーウィック滝。ここで一部が食いちぎられた人間の死体が見つかるという。これは「インカニヤンバ」のしわざなのだろうか。

ムコマジ川で同じような巨大生物が目撃されたことがある。

以前、新聞社が懸賞金付きで「インカニヤンバ」の写真を募集したことがあるが、送られてきた2枚の写真はいずれもニセモノだった。

正体については巨大化したヘビやウナギではないかという説がある。

UMAデータ

レア度	★★★
大きさ	20m
場所	滝、川
すがた	巨大なウナギ、ヘビに似ている
特徴	群れをつくり、動物の肉を食べる
国・地域	南アフリカ共和国
仮説	ヘビやウナギの巨大化

UMA事件簿

1937年に発見された「キャディ」のものとされる死体。しかし、博物館に輸送される途中に行方不明となった。

泳ぎが速い臆病な巨大海獣

　「キャディ」はカナダのバンクーバー島周辺でたびたび目撃されている巨大海獣だ。

　ウマやシカに似た顔で頭には2本のツノと耳がある。体は細長く、体長約12〜18メートル。背中には複数の突起がある。また、先端がヒレのようになっているしっぽがある。臆病な性格でにげ足が速い。

　「キャディ」が目撃されはじめたのは1932〜1933年にかけて。とくにバンクーバー南端の「キャドボロー」での目撃情報が多かったため、地元の新聞が「キャドボロザウルス」と名づけ、それが縮まって「キャディ」とよばれるようになった。

　1944年には島の沖合で2つのコブをもつ怪物が目撃された。また1968年には捕鯨船が「キャディ」の子どもを生きたまま捕獲した。その生物は体長40センチメートルほどだったが、船員が海ににがしてあげたという。

三章

キャディ

UMAデータ

- レア度 ★★★
- 大きさ 12〜18m
- 場所 海
- すがた 細長い胴体。背中に複数の突起、尾ビレをもつ
- 特徴 臆病な性格でにげ足が速い
- 国・地域 カナダ
- 仮説 オオウミヘビ

三章

ネッシー

世界でもっとも有名な
ネス湖の怪物

「ネッシー」はスコットランドの高地にあるネス湖に住む、世界的に有名なUMAだ。イギリスでは「ネッシー」とよぶ人が多いが、ヨーロッパでは「ロッホ・ネス・モンスター」（ネス湖の怪獣）とよぶのが一般的だ。

大きさは7〜20メートルと、目撃情報によってさまざま。長い首に大きなヒレ、頭にはカタツムリのような突起をもつ。皮ふの色は灰色。

ふだんは水中にひそんでいるが、ときどき水面に頭を出す。そのため、写真や目撃情報は、頭部や背中が水面を移動しているというものが多い。中には陸上に上がったすがたを見たという証言もある。

その正体についてはさまざまな説があるが、もっとも多いのが、恐竜時代の首長竜プレシオサウルスの生きのこりではないか、という説だ。長い年月をかけて、古代のは虫類がいまのすがたに進化したのだという。

UMAデータ

レア度	★★★	特徴	水中で生活するが、ときどき水面に頭を出す
大きさ	7〜20m	場所	湖
すがた	長い首、胴体にヒレをもつ。皮ふは灰色	国・地域	スコットランド
		仮説	首長竜の生きのこり

163

UMA事件簿

ネッシー

File 1 潜水艦を浮かべたニセ・ネッシー事件

「ネッシー」の目撃情報が増え出したのは1930年代。このころネス湖周辺に道路が通り、人の行き来が増えたことが理由と考えられる。

1934年にはロンドンの外科医が「ネッシー」を撮影して世間に公開したが、これはおもちゃの潜水艦を浮かべて撮った写真だと判明した。このようなニセモノ事件もあとを絶たないが、信ぴょう性が高い写真もあり、「ネッシー」の存在を信じる声は、おとろえることなく現代までつづいている。

数多く撮られた「ネッシー」の写真でもっとも有名な1枚。

三章

File 2 巨大なチョウザメだとする説も

「ネッシー」の正体としてチョウザメ、とくにアメリカに生息するヘラチョウザメや中国のシナヘラチョウザメなどの巨大化だとする説がある。チョウザメは大型のものになると体長3メートルにもなり、ネス川河口で

も目撃されたこともある。そのため、チョウザメ説を支持する人が多い。

1987年、ネス湖で大規模なソナー調査（音波を使った調査）が行われたが、「ネッシー」のような大型生物は発見されなかった。

チョウザメの写真。大きさは最大で2～3メートルほどになる。

File 3 「ネッシー」の存在を示す証拠を発見!?

「ネッシー」出現のもっとも古い記録とされるのは、690年ごろにアダムナンが書いた伝記だ。それによると、アイルランドの修道僧・聖コロンバがネス川で怪物と出会い、それを退治したという。ただし、ネス川は

ネス湖と直接つながってはおらず、「ネッシー」との関係は不明だ。

2005年には湖畔で、シカの死体と一緒に約10センチのキバが発見された。一部では「ネッシー」のキバとされているが真相は調査中だ。

UMAだった生物

UMAとして話題になった動物たち

　UMAとは、「未確認生物」を意味する言葉である。英語のようだが、実は日本でできた言葉だ。発見と調査がされていない生物が目撃されれば、それはUMAとなる。

　例えば、パンダやゴリラ、オランウータンは今でこそ動物園で身近に見ることができるが、正式に発見、調査されるまで、それぞれUMAだとされていた。

　ゴリラの中でも、マウンテンゴリラがアフリカで正式に発見されたのは1903年のことだ。わずか100年ほど前のことであり、それまでは「人間に似た巨大でサルのような凶暴な生物が森の中にいる」と、アフリカ原住民の間で噂になり、おそれられていた。

　また、「ゴウロウ」（→ P30）に特徴のよく似たコモドオオトカゲは、別名コモドラゴンともよばれ、はじめて目撃されたのは1911年、コモド島に不時着した飛行機の乗員によって発見されたのだが、その大きさから、「恐竜が生きている！」

と伝わり世界中で話題になった。翌年には正式な調査が行われ、結局トカゲの一種ということが発表され騒ぎは落ち着いた。

　調査が進むことで、なぞにつつまれていた生態が明らかになると、それまでの噂は消えさり、身近な生物となっていく。パンダのようにかわいらしく思えるものさえいる。おそろしい目撃情報があるUMAたちも、しっかりとした調査をすることができれば、ほかの動物たちとほとんど変わらない生物だとわかるかもしれない。

人間に仕草や表情が似ているマウンテンゴリラ。はじめて見た人はとても驚いただろう。

UMAとして売られた動物

海に生息するイッカクはそのすがたから「海のユニコーン」といわれていた時代があり、陸に打ち上げられた骨が未確認生物のツノと偽られ、病気に効く薬として高価な額で売られていた。生えているツノは実際には歯が成長したものであり、イッカクはこれを海面から空に向けることで気圧や温度の変化を感じ取っているそうだ。ツノが1本だけでなく、2本生えた個体も発見されており、ほかのUMAともまちがえられていたかもしれない。

2本のツノを持つイッカクのイラスト。

今もつづく発見と調査

調査が進むまでUMAだとされていた生物はほかにもいる。

特にカモノハシというオーストラリアの水辺にすむ動物は、やはり調査が進むまでUMAと思われており、さらに発見された現在でも、ほ乳類でありながら卵を生む、毒をもつなど、なぞが多い生物でもある。

現在も新種の生物が次つぎと発見され、生態の調査が進んでいる。いつかすべてのUMAの正体が明らかにされ、動物園や水族館でいつでもそのすがたを見ることができる日が来るかもしれない。

鳥のような口と獣の体を持つカモノハシは、見た目もとても奇妙だ。

167

オゴポゴ

おとなしい性格のカナダのネッシー

　カナダのオカナガン湖で目撃される生物が「オゴポゴ」だ。
　体長は約5〜15メートルほどある。そのすがたは、顔はヤギ、胴はヘビ、尾ビレはクジラに似ているというキメラ型だ。体は灰色で、明るい茶色の斑点がたくさんある。

　性格はとてもおとなしく、人に危害をくわえることはない。「オゴポゴ」は先住民の間では「ナーイトゥク」とよばれていた。記録にのこっているものでは1872年の目撃例がもっとも古い。その後も、いくつか情報が上がっている。

三章

UMA事件簿

オカナガン湖で泳ぐ「オゴポゴ」。いくつものコブのように体を水面に出すそのすがたは、多くの人に目撃されている。

1974年には水泳中の人の足に「オゴポゴ」がふれたという報告もある。
　その正体だが、古代クジラ・ゼウグロドンの生きのこり説、ウマの頭をもつことから「キャディ」（→P160）と同じではないかと考える人もいるが、いまだに明らかになっていない。

UMAデータ

レア度	★★★
大きさ	5〜15m
場所	湖
すがた	顔はヤギ、胴はヘビ、尾ビレはクジラ
特徴	おとなしい性格で、人間には無害
国・地域	カナダ
仮説	古代クジラの生きのこり

169

クッシー

屈斜路湖に生息する日本のネッシー

1973年、北海道北見中学校の生徒40人が、屈斜路湖の水面を泳ぐ未確認生物を目撃した。その生物の見た目は「ネッシー」（➡P162）のようで首が非常に長く、背中にラクダのような大きなコブが2つあった。生物は「ネッシー」にあやかって「クッシー」とよばれるようになったが、後に体型は「シーサーペント」（➡P134）に近いということが判明した。

現地ではその後、「クッシー」らしき生物がしっぽで水面をうち、波を起こすすがたが目撃されている。

ほかには2つのコブがモーターボートと同じぐらいの速度で移動していたという情報もあり、かなりのパワーとすばやさを感じる。1997年には消防署員をふくむ4人が川湯の砂場沖で水しぶきをあげ、水面を泳ぐ怪物を目撃。一度に複数の人物が目撃していることから、かなり信ぴょう性の高い情報であり、生息の可能性も高い。

UMAデータ

レア度	★★★
大きさ	10〜20m
場所	湖
すがた	長い首。2つのコブがある
特徴	モーターボートなみの速度で泳ぐ
国・地域	日本
仮説	巨大魚、オオヘビ

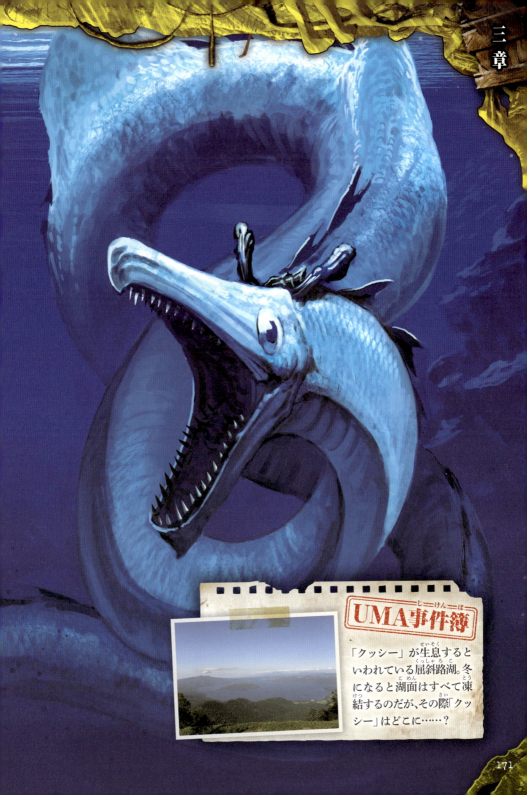

三章

UMA事件簿

「クッシー」が生息するといわれている屈斜路湖。冬になると湖面はすべて凍結するのだが、その際「クッシー」はどこに……?

イッシー

人間の死体を食べる水棲生物

鹿児島県指宿市の池田湖に生息するといわれるのが「イッシー」だ。
体は暗褐色で、細長く少し丸みがかっている。また、背中にはコブがある。大きな口をもち、海で溺れた人間の死体を食べるという。
最初に目撃されたのが1978年。少年2人と20人の大人が湖に浮かぶ黒いコブを発見した。それは300メートル沖をしばらく泳ぎ、水中にすがたを消したという。その後、1991〜1992年にかけて目撃が集中した。

UMAデータ

レア度	★★
大きさ	15〜20m
場所	湖
すがた	細長く背中にコブをもつ
特徴	攻撃はしないが、人間の死体を食べる
国・地域	日本
仮説	オオウナギ

カバゴン

三章

1度だけ目撃された カバに似た UMA

ニュージーランド南島で1度だけ目撃されたのが「カバゴン」だ。1971年、日本の遠洋漁業船の船員26人が、30メートル先の海面に頭部だけを突きだした怪物を発見。頭部の大きさは約1.5メートルでカバによく似ている。両目は赤くギョロっとして、鼻はつぶれた形。船への攻撃はなかったことから、性格は温厚だと思われる。船長がそのすがたをスケッチしたことで世の中に知られるようになったが、その後目撃されることはなかった。

UMAデータ

レア度	★★★
大きさ	1.5m（顔）
場所	海
すがた	顔はカバにそっくりで目がギョロっとしている
特徴	性格は温厚な可能性が高い
国・地域	ニュージーランド
仮説	不明

大きなコブをもつ
アイスランドのUMA

スクリムスル

アイスランドのラガーフロット湖で目撃されるUMAが「スクリムスル」だ。巨大なアザラシのようなすがたをしており、背中にゴツゴツとした巨大なコブがある。コブは合計3個で、そのせいでまるでひょうたんのような体型になっている。アイスランドの伝説に出てくる怪物「ラガーフロットワーム」に、すがたがそっくりだという。

全長は14メートルほど。5メートルはある長いしっぽで獲物を攻撃する。

その正体は、湖面をゆらゆらと泳いだり、陸地に上がったりすることから、トドやアザラシに近い生物ではないかと推測される。もっとも古い情報は1345年で、1749〜1750年にかけてひんぱんに目撃されている。1860年には目撃者がスケッチをしたため「スクリムスル」の詳しいすがたが明らかになったが、実在するのかはいまも不明だ。

UMAデータ

レア度	★★★		特徴	長いしっぽで相手を攻撃
大きさ	14m	場所 湖	国・地域	アイスランド
すがた	ひょうたんのような体つき		仮説	トド、アザラシの突然変異

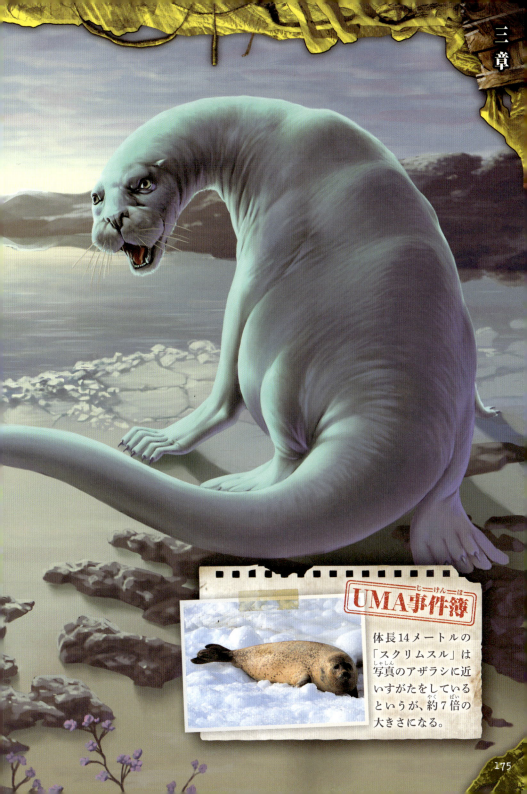

三章

UMA事件簿

体長14メートルの「スクリムスル」は写真のアザラシに近いすがたをしているというが、約7倍の大きさになる。

三章

クラーケン

船をおそい海にひきずりこむ伝説の海のUMA

　ノルウェーやスウェーデンなどヨーロッパ各地の海で目撃されている巨大生物が「クラーケン」だ。そのすがたはタコやイカのようで、長い触手で人間をおそう。

　おどろくのはその大きさ。一説によると体長が2.5キロのものもいるという。島とまちがって上陸した人間が、そのまま海に引きずり込まれたという話ものこっているほどだ。

　性格はきわめて凶暴。船を転覆させて、中の人間をすべて食べつくすというからおそろしい。ヨーロッパの近海では漂流する幽霊船が出るといううわさがあるが、これは「クラーケン」におそわれ、人がいなくなった船ではないか、といわれている。

　この怪物の名が最初に記録されたのはいまから約1000年前。ノルウェーの王、スヴェン1世が本の中で「クラーケン」という言葉を使ったのがはじまりとされている。

UMAデータ

レア度 ★★★	特徴	長い触手で船をおそい、人を食べる
大きさ 2.5km	場所 海	
すがた 島と見まちがえるほど巨大なタコやイカ	国・地域	ヨーロッパ各地
	仮説	ダイオウイカなど

177

UMA事件簿
クラーケン

File 1 海面の泡は不吉な前ぶれ

　古い西洋画に、巨大なイカが船のマストにからみついているすがたが描かれたものがある。それこそが「クラーケン」の全身を描いたものだと考えられる。

　むかしから船乗りにとって、「クラーケン」は恐怖の怪物だった。とくに、波がなく、海面に泡が立ったときは注意せよといわれていた。それは「クラーケン」の出現の前ぶれで、すがたを現したら最後、誰ひとり生きのこれないという。

船を海に引きずりこむ「クラーケン」の絵。

三章

File 2 巨大なダイオウイカがUMAの正体?

「クラーケン」の正体は今もわかっていないが、北欧やカナダの沿岸にはよくダイオウイカの死体が流れ着くことから、それと同一ではないかと考える人が多い。

しかし、ダイオウイカはそれほどどう猛ではなく、島の大きさほど成長した個体も確認できないなど、「クラーケン」と異なる点も多い。

また、海に生息するUMAに多い仮説だが、オオウミヘビが泳ぐすがたを「クラーケン」の触手と見まちがえたという説もある。

2015年、日本の富山湾で発見された巨大なダイオウイカ。

File 3 海を黒く染める「クラーケン」

「クラーケン」を島とまちがえて上陸した話は、15世紀アイルランドのキリスト教の聖人、聖ブレンダンのいい伝えに登場する。「クラーケン」に上陸したブレンダンは、祝福のミサを行ったが、怪物はそれが終わるまで動かずにいたという。

一方、18世紀にデンマークで売られていた本では「クラーケン」が墨を吐き、海が真っ黒になったと記されている。古くからその存在がおそれられていたが、正体はいまも調査中だ。

中国の海岸に流れついたなぞのUMA

2005年、中国の浙江省を台風がおそったが、それが過ぎさったあとに防波堤に巨大生物の死体が打ち上げられた。それが「ニンポー」とよばれる未確認生物だ。

発見時にはかなり腐敗がすすんでおり、体の一部もなくなっていた。そのため、生物の特定はできなかったが、その後の調査によりいくつかの特徴が判明した。

それによれば、大きさは約12メートル、重さは2トン前後。すがたはワニに似ている。腹にはオレンジ色のしま模様、背中には体毛があったという。しっぽにあたる部分は、ほぼなくなっていた。

当時、ゾウアザラシやセイウチの可能性が指摘されたが、12メートルという大きさは、これらの生物にしては大きすぎる。

サメやクジラといった海に生息する動物の可能性も検討されたが、それらの生物の目撃情報はなく、いまだに正体はわかっていない。

UMA事件簿

「ニンポー」の死体が打ち上げられた寧波市の海。いたってふつうの海だが、なぜここに打ち上げられたのだろうか。

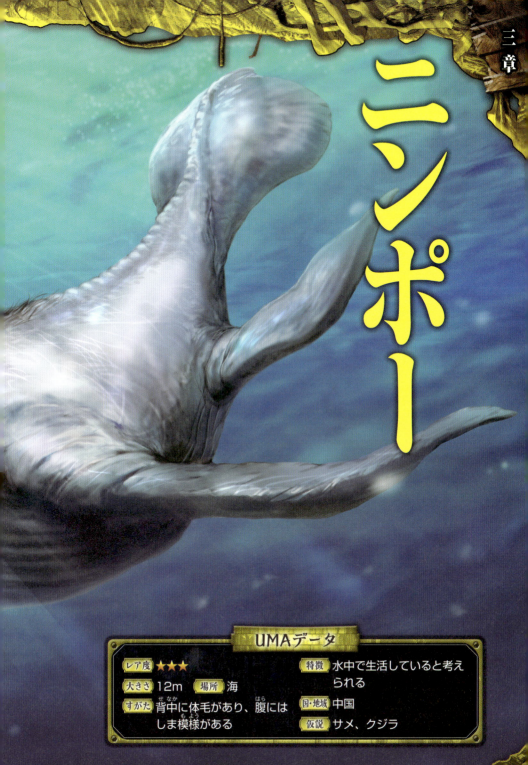

ニンポー

三章

UMAデータ

- レア度 ★★★
- 大きさ 12m
- 場所 海
- すがた 背中に体毛があり、腹にはしま模様がある
- 特徴 水中で生活していると考えられる
- 国・地域 中国
- 仮説 サメ、クジラ

UMAデータ

- **レア度**: ★★★
- **大きさ**: 2～4m
- **場所**: 湖
- **すがた**: 上半身がウマで下半身が魚
- **特徴**: 人間をおそって湖に引きずりこむ
- **国・地域**: アイルランド
- **仮説**: オオウナギ

三章

ペイステ

アイルランドの湖に住む凶暴なUMA

　アイルランドのコニマラ地方には数多くの湖や沼がある。それらに生息しているとされるのが「ペイステ」だ。
　上半身がウマで下半身が魚の奇妙な外見。首にはタテガミがあり、オオウナギにも似た巨大な怪物だという。そのため「ウマウナギ」とよばれることもある。性格は凶暴で、人間をおそい湖に引きずりこむことから現地ではおそれられている。
　19世紀の後半には、クローラ湖やバリナヒンチ湖などで、湖を結ぶ水路にはまって死んだり、橋の下に引っかかったりしている「ペイステ」のすがたが目撃された。また、1954年にはこの地方のファダ湖で大きな口をもち、クネクネと動くなぞの生物が目撃されている。
　1948年と1968年にはナフーイン湖でツノをもった生物に遭遇したという証言があった。しかしながら、真偽のほどは明かにされていない。

UMA事件簿

「シーホース」の形をした看板型のオブジェ。ウマのような上半身と魚のような下半身が「ペイステ」とそっくりだ。何か関連があるのだろうか。

ハイール湖の

ロシアの湖にひそむ巨大な草食獣

　ロシアの東部、ヤクート地方には怪獣伝説がのこる湖がたくさんある。もっとも有名なのがハイール湖で、やはり怪獣がひそんでいるという。
　1964年、モスクワ大学の地質調査隊がこの湖をおとずれた。そこで大きな怪獣に出会ったというのだ。

　目撃者のスケッチによると、そのすがたは全身真っ黒で光沢があり、長い首に小さな頭部、また、背中にはヒレがあったという。
　全長は15メートルとかなり巨大で、長いしっぽで水面をたたくのが特徴だ。湖にはエサとなる動物がいない

三章

怪獣
かいじゅう

ことから、草食だと分析されている。
　この地にはもともと「シューカヴィク」という怪物の伝説があった。その怪物は船をおそい、まるごと飲み込むといわれ非常におそれられているが、「ハイール湖の怪獣」と何か関係があるのかもしれない。

UMAデータ

- **レア度** ★★★
- **大きさ** 15m　**場所** 湖
- **すがた** 頭部は小さく、首が長い。背ビレがある
- **特徴** 長いしっぽで水面をたたく。草食である
- **国・地域** ロシア
- **仮説** 恐竜の生きのこり

UMA事件簿 ハイール湖の怪獣

File 1 極寒の地に住むUMA

ハイール湖のあるロシア東部のヤクート地方は、南極以外の地域ではもっとも低い氷点下71.2度を記録したこともある極寒の地だ。

また、ハイール湖以外にも多くの湖があり、それぞれに怪獣が住んでいるといわれるほど、UMAの存在がむかしから先住民によって伝えられている地域でもある。

「ハイール湖の怪獣」はその代表といえ、生息の可能性が高いUMAだ。

ヤクート地方は氷でおおわれている。

File 2 全長30メートルを超える巨大なすがた

「ハイール湖の怪獣」はアパトサウルスやブラキオサウルスなどの雷竜に、そのすがたがよく似ている。雷竜とは、恐竜の分類のひとつで、長い首をもった非常に体の大きい草食恐竜のことである。

雷竜は巨体を支えるため、主に水中で暮らしていると考えられていたが、その後の研究で陸上で行動する生物だと判明した。「ハイール湖の怪獣」は水陸両方で目撃されているため、やはり雷竜の生きのこり説が有力だと考えられる。

ブラキオサウルスは「ハイール湖の怪獣」とよく似ている。

File 3 報道もされたが探し出すのは困難!?

学者を含む地質調査隊が目撃したということで、UMAの存在の信ぴょう性が高くなり、ロシアでは新聞報道もされたという。しかし、その後は目撃情報もなく、調査、研究も進んでいない。

そもそもロシアは、広大な国土をもっているが、その約4割が氷の土地などであり、人がふだん立ち入らないようになっている。そのためUMAを探し出すのも非常に難しいと考えられている。

メンフレ

足が10本ある竜に似た恐怖の生物

アメリカとカナダの国境にまたがるメンフレマゴッグ湖にすむ生物が「メンフレ」だ。世界でもっとも目撃数の多いUMAとしても有名だ。

なんとこの生物は、細長い体に竜のような頭をもち、足が10本以上あるといわれている。奇妙だが、じつにおそろしいすがただ。

体長は6〜15メートル。体重は10トン以上あり、胴体に関してはコブがあったり、ヘビのようだったりと、目撃情報によって異なっている。詳しいことは不明だが、ふだんは魚を食べているらしい。目撃情報は1800年代からあり、その異様な見た目から原住民におそれられ、湖には入らないようにという警告がなされてきたという。

近年になって、また目撃情報が増えてきた。1997年にはビデオ撮影され、実在する可能性がいっきに高まったが、正体については、まだほとんどわかっていない。

UMAデータ

レア度	★★★		
大きさ	6〜15m	場所	湖
すがた	竜の頭と細長い体。足が10本以上ある		
特徴	魚を好んで食べる		
国・地域	アメリカ	仮説	不明

三章

UMA事件簿

カナダとアメリカの国境付近にあるメンフレマゴッグ湖。1997年、ここで「メンフレ」らしき影が撮影された。

南極ゴジラ

南極に住むウシの顔をした未確認生物

1958年に日本の南極観測船・宗谷が南極の海で遭遇したのが「南極ゴジラ」だ。その怪物はウシのような顔をしており、頭の大きさは約80センチにもおよぶ。目玉が大きく光り、背中にはのこぎり状のヒレがある。全身は黒褐色の毛でおおわれていた。この怪物は船を攻撃することなく、すぐに消えたという。その正体は2000万年前に絶滅した体長3メートルのほ乳類「デスモスチルス」の生きのこりではないか、という説がある。

UMAデータ

- **レア度** ★★★
- **大きさ** 3m
- **場所** 海
- **すがた** 黒褐色の毛でおおわれ、ウシに似た顔をしている
- **特徴** 船に向かってきたり、攻撃することはない
- **国・地域** 南極
- **仮説** デスモスチルス

ニューネッシー

三章

日本人が見つけた正体不明の巨大海獣

1977年、ニュージーランド近くの海で日本の遠洋漁業船・瑞洋丸が正体不明の死体を引き上げた。網には魚とは違った、ものすごい腐敗臭をはなつ巨大な生物がかかっており、「ネッシー」（→P162）に似ていることから「ニューネッシー」と名づけられた。体長は10メートルで重さは1.8トン。無数のヒゲとヒレ状の突起がある。当時、栄養管理士をしていた人間がヒゲの成分を分析したところ、ウバザメの一種だという可能性が出てきた。

UMAデータ

- **レア度** ★★★
- **大きさ** 10m
- **場所** 海
- **すがた** 無数のトゲとヒレ状の突起をもっている
- **特徴** 死体は魚とは違った腐敗臭をはなつ
- **国・地域** ニュージーランド近海
- **仮説** 新種のウバザメ

UMA事件簿

1976年に撮られた「モーゴウル」の写真。大きなコブを出しているのがわかる。この写真をほかの写真家が確認したところ、写真の様子から本物の可能性が高いと判断した。

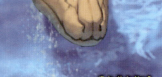

大きなコブをもつイギリスの水棲獣

　イギリスのコーンウォール地方のファルマス湾には「モーゴウル」とよばれる生物が目撃されている。
　ファルマス湾に生息し、背中に大きな2つのコブ、太くて長い首にはタテガミがある。頭部は小さいが、体長は4〜18メートルと巨大だ。大きいものは背中のコブの大きさが1.5メートルにもなる。
　性格はおとなしいが、近づくと攻撃してくることもあるという。最初に「モーゴウル」が発見されたのが1975年。アナゴをくわえて泳いでいるすがたを複数の人が目撃している。その後、18メートルの巨大な影やナメクジのようなすがたが次つぎと目撃された。
　1976年には、はじめて写真撮影に成功し、世間に公表された。その正体は首長竜の生きのこり説が有力だが、この海域では「シーサーペント」（➡P134）の目撃情報も多く、同じ生物ではないか、という説もある。

192

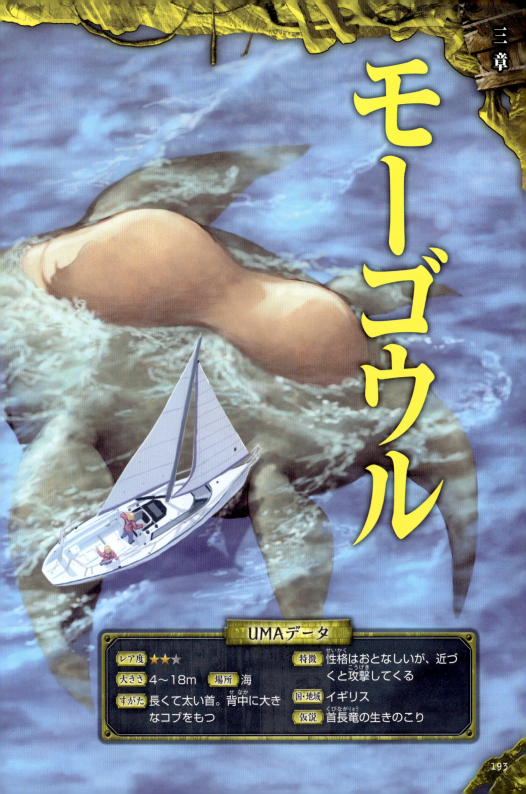

モーゴウル

三章

UMAデータ

レア度	★★☆	特徴	性格はおとなしいが、近づくと攻撃してくる
大きさ	4〜18m	場所	海
すがた	長くて太い首。背中に大きなコブをもつ	国・地域	イギリス
		仮説	首長竜の生きのこり

モケーレ・ムベンベ

どう猛で長い首としっぽをもつコンゴのUMA（ユーマ）

コンゴ民主共和国の熱帯雨林に生息するのが「モケーレ・ムベンベ」だ。

特徴は首が長く、太いしっぽがついていること。全長は8〜15メートル。どう猛な性格で、しっぽでたたくなどの攻撃をおこなう。

1776年、フランスの聖職者が現地で3本ヅメの足あとを発見。さらに、その生物のすがたを目撃した。

そのとき、「モケーレ・ムベンベ」は草を食べていた。もともと植物を食べて生活しており、とくにマロンボという桃に似た実が好物だという。

1980年代にはロイ・マッカルという生物学者が現地で調査をした。彼は先住民族への取材で、ある噂話を聞いた。それによると、村人が「モケーレ・ムベンベ」を殺して肉を食べたところ、そのほとんどの人が死亡してしまったという。これは肉に含まれる毒か、怪物の呪いのせいだと現地の人は考えたそうだ。

UMAデータ

レア度	★★★
大きさ	8〜15m
場所	湖
すがた	長い首としっぽをもつ
特徴	しっぽでたたくなどの攻撃をおこなう
国・地域	コンゴ民主共和国
仮説	恐竜の生きのこり

UMA事件簿
モケーレ・ムベンベ

File 1 絶滅した雷竜の生きのこり!?

「モケーレ・ムベンベ」は、雷竜型のUMAだ。その中でもアパトサウルス（別名ブロントサウルス）の生きのこりという説が強い。北アメリカ大陸に生息していたとされ、水辺で草などを食べて暮らしていたようだ。

目撃されたコンゴ民主共和国とは離れているが、地球はむかしひとつの大きな大陸だったため、そのときに移動していたアパトサウルスが住みついた可能性も考えられる。

首長竜アパトサウルスのイメージイラスト。

三章

File 2 村人の死でタブーになった怪物の話題

「モケーレ・ムベンベ」の肉を食べた村人の死亡事故以来、この怪物の話は先住民族の間ではタブーになっているという。部外者に話すことは大きな不幸をよび、ときに死にいたるというのだ。しかし、1913年にドイツの探検隊が現地の住民から「モケーレ・ムベンベ」が草食であることや、細かいすがたの情報を集めることに成功した。

また、現地では「モケーレ・ムベンベ」が湖に生息する生物と格闘するすがたが何度も目撃されている。

モケーレ・ムベンベの伝説を語り継ぐ先住民族。

File 3 本当に存在する可能性は?

「モケーレ・ムベンベ」がよく現れるとされるテレ湖は、とても浅い湖なので、大きい生物がかくれるのには難しい場所だ。ただ、テレ湖の周りには開拓されていない熱帯雨林がまだ多く広がっている。さらに川や湖が豊富なため、「モケーレ・ムベンベ」が実在する可能性はある。

実際、この地域から新種の小さいゾウであるマルミミゾウが20世紀初頭に発見されたという事実もある。今後の調査に期待しよう。

197

深海の生物

海の底にひそむ未知の生物

　深海のおよそ95％はまだ「未開の地」（→P74）といわれており、多くのUMAが生息していると考えられている。広大な海の底では、外敵に遭遇する確率も低く、障害となるものがほとんどないため、地上の生物とは比べものにならないほど奇妙で巨大なすがたをしているのかもしれない。

　最近の事例では、オーストラリアの研究所が3メートル近いホホジロザメに追跡装置を付けて生態調査をしていたところ、ある日海岸に装置だけが漂着した。それを詳しく調べると、ホホジロザメが、急に何かに引っ張られたかのように600メートルも深海へと潜った記録がのこっていたのだ。3メートル近い巨体を、水中でそこまで引っ張れる生物とは、はたしてどれほどの大きさなのだろうか。真相は明らかにされていない。

　また、1997年にはアメリカ海洋大気庁が、敵潜水艦の潜伏場所を発見するための装置で観測していたところ、奇妙な音をキャッチした。この音は、ほかのさまざまな海中の音と照合してもどれにも一致しなかったそうだ。「Bloop（雑音の意味）」と名づけられたこの現象がいったい何なのか。こちらも真相は不明のままだが、まだ見ぬ深海生物が発していた音という可能性は十分に考えられる。

　「ニンポー」（→P180）や「グロブスター」（→P204）などの、死体となって陸に打ち上げられたUMAがもし深海で生きていたなら、そんな鳴き声を出していたのかもしれない。

凶暴で体の大きなホホジロザメ。しかし、海の中にはさらに強く大きな生物がいるようだ。

四章

異獣(いじゅう)

UMA(ユーマ)の中には、ほかの生物(せいぶつ)と全(まった)く違(ちが)ったすがたをしているものがいる。それらは、もしかすると宇宙(うちゅう)からやってきた新(あたら)しい生(せい)物(ぶつ)なのかもしれない。

人間の生き血を吸う
マレーシアのヒト型UMA

トヨール

マレーシアに古くから伝わるヒト型のUMAが「トヨール」だ。現地ではお金を盗んだり、いたずらをしたりする小悪魔として知られている。体長はおよそ15〜20センチ。赤ちゃんをさらに小さくしたようなすがたで、目は赤く、唇は緑色。人間の生き血を吸う、精神をあやつる能力をもつとしておそれられている。

2005年にはジョホール州の村に「トヨール」が突然出現。宙に浮きなが、人びとの目の前で現れたり、消えたりしたという。

2006年には、クアラルンプールの近郊で、女性が突然体の自由がきかなくなり失神するという事件が発生。女性は意識を失っている間、親指から血を吸われており、これは「トヨール」のしわざと考えられた。また、同じ年にはビンに入った「トヨール」のミイラが海岸に流れ着き、州立博物館に展示されたが、関係者に次つぎと不幸が起きたため、たたりをおそれ海に戻されたという。

UMAデータ

レア度	★★★		
大きさ	15〜20cm	場所	街
すがた	目は赤く、唇は緑色		
		特徴	人間の血を吸う、精神をあやつる
		国・地域	マレーシア
		仮説	不明

四章

UMA事件簿

2006年の冬、マレーシアの海辺を歩いていた漁師が瓶に入れられた「トヨール」のミイラを発見。漁師は、それを地元の呪術師に渡した。その後、マレーシアの州立博物館がゆずり受けたのだが、関係者が次つぎに倒れたため、呪術師に返し、最後は元いた海に捨てられた。

スカイフィッシュ

空中を超高速で移動するなぞの虫型生物

　空中を高速で移動するUMAが「スカイフィッシュ」だ。その速さは時速280キロ以上で、肉眼では見ることができないほど速い。では、どうやって発見されたかというと、たまたま撮影されたビデオをスロー再生したところ、半透明で長い棒状の体で、胴の両側にヒレのようなものが対になってついている生物が映っていたのだ。
　最初に撮影されたのは1994年。メキシコのたて穴洞窟、ゴロンドリナスで、ヒレを波打たせながら空中を泳いでいたという。また、同年UFOが墜落したというアメリカの街、ロズウェ

四章

UMA事件簿

「スカイフィッシュ」がよく出没するとされるメキシコのゴロンドリナス洞窟。地球で一番深い、たて穴洞窟だ。

ルで撮影されたビデオにも「スカイフィッシュ」が映っていた。

　日本では2007年に兵庫県で、車のガラスにぶつかり飛びさるすがたが偶然撮影された。

　その正体については古代生物のアノマロカリスが進化したものだとする説もある。

UMAデータ

レア度	★★★
大きさ	10～30cm
場所	空
すがた	半透明で棒状。ヒレがある
特徴	時速280km以上で飛行する
国・地域	世界各地
仮説	古代生物の進化

203

悪臭をはなつ巨大な肉のかたまり

　1960年にオーストラリアのタスマニア島で、巨大な肉のかたまりが発見された。岸に打ち上げられたその物体には顔も手足もなく、腐ったような悪臭をはなっていたという。また、骨は見あたらなかった。

　これは「グロブスター」とよばれ、その名は「グロテスク(不気味)なブログ(ぶよぶよ)モンスター」という意味を表している。オーストラリアの連邦科学産業機構は、頭部や骨がないことから「未知の生物」と判定。このような死体は、アメリカのマサチューセッツ州やカナダのニューファンドランドなど世界各地で発見されている。日本でも奄美大島で同じような漂着物が流れ着いている。

　それらの報告によると、「グロブスター」は白や灰色でぶよぶよしており、なかには短い毛が全体に生えているものもあるというが、悪臭だけはすべてに共通している。

四章

グロブスター

UMAデータ

レア度	★★
大きさ	2.5〜12m
場所	海
すがた	巨大な肉のかたまり
特徴	腐ったような悪臭をはなつ
国・地域	世界各地
仮説	未知の生物の体の一部

UMA事件簿
グロブスター

File 1 巨大な未知の生物の体の一部!?

タスマニアではむかしから、「グロブスター」と同じような漂流物が数多く発見されている。中には長さ6メートルで、ヒレか足状のものが数十本ついた奇妙なすがたをした「グロブスター」の報告もある。

この死体はひとつの個体ではなく、何かの一部と考えられている。このかたまりの大きさは2.5〜12メートル。まだ海中で生きていたころの全長は相当な大きさだと推測される。

1997年、タスマニアに漂着した「グロブスター」。

四章

File 2 クジラの体の一部とする説もある

　調査によれば「グロブスター」の体は美肌や関節の若返りに効果がある物質として有名な、コラーゲンでできているという。一方で、1896年にアメリカ・フロリダ州の砂浜に漂着した「グロブスター」は脂肪のかたまりとされている。クジラの体の一部がはがれたものだというのだ。クジラの死体説をとなえる人は多いが、発する臭いがクジラのものとはちがうという意見もある。正体の解明が待たれている。

陸に打ち上げられたクジラ。たしかに見た目は似ている。

File 3 日本にもグロブスターが流れ着いた

　日本では、2013年に鹿児島県奄美大島の沿岸に「グロブスター」が打ち上げられた。体長6メートルほどで、強力な悪臭をはなっていたという。筋肉のスジのようなものが集まっているようにも見えたと報告されており、この不気味な物体の出現に町は大騒ぎになった。
　専門家の中には、この物体は南極に現れるUMA「ニンゲン」（→ P240）の死体ではないかと考える人もいたが真偽はさだかではない。

207

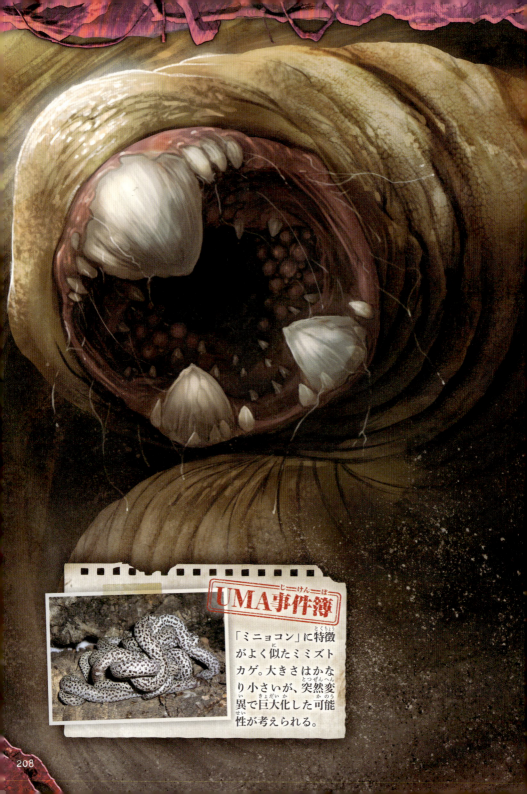

UMA事件簿

「ミニョコン」に特徴がよく似たミミズトカゲ。大きさはかなり小さいが、突然変異で巨大化した可能性が考えられる。

四章

ミニョコン

ブラジルの地中にひそむ超巨大ミミズ!

　ブラジルの高地にひそむ超巨大なミミズが「ミニョコン」だ。シロナガスクジラをこえる大きさで、全長45メートル、重さは25トン。ふだんは土の中にかくれているが、たまに地上に出て草木をなぎたおしながら獲物をさがす。性格はきわめて凶暴で、家畜を見つけると巻きついて絞め殺したあと、丸ごと飲み込むという。また、川などの水辺にも出没して、動物を水中に引きずりこむというのだ。

　目撃情報は少ないが、1847年にはリオドスパパガイオ川で幅2～3メートルの巨大生物が通ったあとが見つかっている。現地では、これは「ミニョコン」の足あとだとされているが本当かどうかは不明。

　ブラジルには世界最大規模のジャングルがあり、「ミニョコン」がその中で生活していても不思議ではないが、ほとんど地中から出てこないため、見つけるのは非常にむずかしいだろう。

UMAデータ

レア度	★★★	特徴	獲物に巻きついて絞め殺す
大きさ	45m　場所　地中	国・地域	ブラジル
すがた	巨大なミミズのよう	仮説	ミミズの突然変異

209

全長8メートルの巨大スッポン

コンゴ民主共和国のリクアラ地方に生息しているUMAが「ンデンデキ」だ。

見た目はカメかスッポンにそっくりだが、大きいものはなんと全長8メートルにもおよぶ。甲羅の直径は4～5メートルあり、人間が数人乗ることができる大きさだ。

ふだんは沼の魚をエサにしており、性格はおとなしく人間に対しては攻撃してこない。

現地にはこの生物がかなりむかしから生息していたといういくつもの記録がのこっている。

動物学者のマルセラン・アニャーニャ博士は、その正体について、絶滅したスッポンの仲間トリオニクスの生きのこりではないかと考えられている。「カメは万年」の言葉通り、カメやスッポンは長生きするといわれているが、この「ンデンデキ」も、もしかしたら何世紀も生きのびて巨大化したのかもしれない。

UMA事件簿

約7500万年前に生息していたアーケロン。世界最大のウミガメで、「ンデンデキ」との関連が指摘されている。

四章 ンデンデキ

UMAデータ

レア度	★★	特徴	人間に攻撃はしない
大きさ	5〜8m	場所	沼、川
		国・地域	コンゴ民主共和国
すがた	カメに似ていて4〜5mもの巨大な甲羅をもつ	仮説	古代生物の生きのこり。カメの巨大化

フラットウッズ・モンスター

UFOとともに現れる？　不気味なUMA

「フラットウッズ・モンスター」は、1952年9月ウェストヴァージニア州のフラットウッズにUFOとともに現れた未確認生物だ。赤く光る飛行物体が着陸したのは夕暮れどき。それを追って現場に7人の住人が集まったが、すぐさま不気味なきりと悪臭が彼らを包み込んだ。あまりの臭さで全員が吐き気をもよおしていると、中から身長3メートルの生物が現れた。そのすがたはスペード型をした頭に赤い顔、光る目。緑の衣服を着ていた。

住人はパニックになり、その場を逃げ出したという。その後、住民の何人かは吐き気やけいれんなど同じ症状の体調不良をうったえた。この話は全米の新聞やテレビで報道されたが、あれは隕石の落下で、未確認生物はアライグマなどの動物だったのでは、という推測もあり、やがて騒ぎはおさまった。しかし、「フラットウッズ・モンスター」のなぞは解明されていない。

UMAデータ

レア度	★★★
大きさ	3m
場所	街
すがた	スペード型をした頭、赤い顔、光る目
特徴	きりと悪臭で人を攻撃する
国・地域	アメリカ
仮説	不明

UMA事件簿
フラットウッズ・モンスター

File 1 UMAの正体はフクロウだった?

　ウェストヴァージニア州になぞの生物が現れたとき、現場周辺の住民の多くが、空を飛ぶ光る物体を目撃していた。事件の後、超常現象調査団体が現地で調査を行ったが、住民が目撃した空飛ぶ光は隕石で、怪物だと思われた生物はフクロウだろうと報告した。スペードのマークはメンフクロウの顔に似ており、目撃者は興奮と不安のために見まちがえたのだろうと結論づけたのだった。

超常現象調査団がUMAの正体としたメンフクロウ。

File 2 事件前にUMAに出会った住民

　ロサンゼルスの円盤調査団体も現地で住民の聞き取り調査を行った。すると、住民のひとりが事件の一週間前に、同じようなすがたの生物に出会っていたということがわかった。

　また、ある目撃者の母親は、現場から離れたところにいたのに、物体が丘に降りたのと同時刻に、家が激しく揺れたという証言をしている。

　この事件はすぐ全米に広まりパニックを引き起こした。テレビやラジオが積極的に事件を取り上げたため、町には数千人の人が訪れたという。

> UFOのようなものが降りたったという証言も多数あった。

File 3 事件は集団ヒステリーと結論づけられた

　結局、警察もこの事件を集団ヒステリーと断定。目撃者はなんらかの生物を見まちがえたとした。

　フクロウの動きや声は、目撃者が証言した怪物のすがたと非常に似ている。また、住人たちはUMAが宙に浮いていたと証言したが、これはフクロウがとまっていた木の葉がUMAの下半身に見えたためとされた。

　しかし、数かずの現象を合わせて考えると、本当に単なる見まちがいなのか、疑問がのこる……。

太歳
たいさい

食べると不老不死になるという生命体

中国の「太歳」は、食べると不老不死になるという、なぞの生命体だ。有名な秦の始皇帝も不老不死の薬として「太歳」を探させたという。

見た目はぶよぶよした塊でまるでゴムのようだ。体が欠けても、もとの形に戻る再生能力をもっている。

2005年には広東省で地中から大きさ30センチの「太歳」が発見され話題になった。

また、最近では遼寧省の農夫がこの「太歳」を山の中で見つけた。重さは70キロと巨大で、農夫がこれを販売すると飛ぶように売れた。その後、のこった「太歳」を冷水につけておいたところ、切った部分がいつの間にかもとに戻っていたという。

「太歳」は、地中のバクテリアが増えて塊になったものではないか、という説がある。また、新種の生物だとする専門家もいるが、はっきりしたことはまだわかっていない。

UMAデータ

レア度	★★★
大きさ	30cm 以上
場所	地中
すがた	ぶよぶよした塊
特徴	冷水につけると再生する
国・地域	中国
仮説	バクテリアの集合体

四章

UMA事件簿

2012年、中国の武漢市美術館が開催した展覧会に出展された「太歳」。中国三大伝説のひとつとして話題を集めた。

UMAデータ

レア度	★★★
大きさ	1m
場所	街
すがた	胴がなく小さい頭と長い足をもつ
特徴	ゆっくりと歩く
国・地域	アメリカ
仮説	不明

四章

ナイト・クローラー

監視カメラに映った胴のない白いUMA

　カリフォルニア州、ヨセミテ国立公園近くで発見されたエイリアン型UMAが「ナイト・クローラー」だ。
　そのすがたはかなり異様で、全身が真っ白で胴がなく、体は頭と足のみ。まるで白いコンパスのようだ。体長は1メートルほどで、ゆっくりと歩行する。むかしから先住民族に伝わる妖精「ナイト・クローラー」にそっくりなことからこの名前がついた。

　この生物が目撃されたのはたった一度だけ。赤外線監視カメラに映っていたことで、その存在があきらかになった。それによると、深夜に大小2つの白い影が、ゆっくりと道路を横切っていったという。最初は誰かがかぶりものをしたイタズラかと思われたが、異様に長い足や小さな頭部など、とても人間のものとは思えないことからUMAと考えられるようになった。

UMA事件簿

　2011年3月28日、カリフォルニア州のヨセミテ国立公園の近くの民家に置かれていた赤外線カメラが「ナイトクローラー」のすがたをとらえた。それまで一切目撃情報はなかったが、この不気味な映像がネットで公開されてから、UMAとして知られるようになった。その正体は現在も調査中だ。

219

ベーヒアル

スコットランドに現れた巨大イモムシ

　スコットランドで目撃された虫型UMAが「ベーヒアル」だ。
　1965年、パース近郊を現地の住人が数人でドライブしていたところ、道路の脇に見たこともない生物が横たわっているのを発見した。その生物はイモムシそっくりで、体は節のようなもので分かれていた。全長6メートルで、体は灰色をしており、頭にはとがった耳のような突起をもっていたという。
　翌日同じ道路で、別の住人が「ベーヒアル」を目撃。その生物はガラスを引っかくようなイヤな音を立てなが

四章

UMA事件簿

「ベーヒアル」の目
撃証言と特徴の似た
ヒメアカタテハの幼
虫。体長3センチだ
が、何らかの関係が
あるかもしれない。

ら、ゆっくりと動いていたという。
　もともと「ベーヒアル」はスコットラ
ンドの伝説の怪物だったが、それがよ
みがえったのではないかと大きな話題
になった。
　目撃情報はこれ以外にはほとんどな
く、その正体については、まだまだわ
からないことだらけだ。

UMAデータ

レア度	★★★
大きさ	6m　場所 街
すがた	体は灰色で頭にはとがった耳をもつ
特徴	ガラスを引っかくようなイヤな音を出しながら動く
国・地域	スコットランド
仮説	不明

221

チュパカブラ

家畜の生き血を吸う!
赤い目のハンター

人間をおそう吸血鬼として知られているのが「チュパカブラ」だ。大きさは1〜1.8メートルほど。おそろしい赤い目とキバをもち、背中にはトゲがたてに規則正しくならんでいる。5メートルものジャンプ力をもち、中にはつばさをもち空を飛べるものもいる。家畜や人間をおそって血を吸うが、吸われたものの首周辺には、数か所の穴があいている。「チュパカブラ」は細長い舌をもっており、それを突き刺して血をうばうのだ。

1995年にアメリカのプエルトリコ島で多数のヤギがおそわれ、はじめてその存在が知られるようになった。その後、チリやメキシコ、アルゼンチンなどでも目撃され、「チュパカブラ」によるものとされる被害は1000件以上にのぼった。

近年、毛や骨が採取され、ビデオなどにも撮られるようになり、少しずつその正体がわかるようになってきた。

UMAデータ

レア度	★★★	特徴	家畜や人間の生き血を吸う
大きさ	1〜1.8m	場所	街	国・地域	アメリカなど
すがた	赤い目とキバをもち、背中にトゲがある	仮説	動物の突然変異

UMA事件簿
チュパカブラ

File 1 つばさをもつチュパカブラもいた！

「チュパカブラ」の舌の長さは約30センチ。この舌は鋭い形をしているといわれていて、獲物の体に突き刺し、直接臓器から血と栄養分をうばうことができるという。

不思議なことに、おそわれた家畜のまわりには血が飛び散ったあとが全くのこらないともいわれる。もしかしたら、舌がストローの役割をはたしているのかもしれない。

また、「チュパカブラ」の中にはつばさをもつ種類もいるという。

ネット上に投稿された「チュパカブラ」と思われる写真。

四章

File 2 チュパカブラの正体とは……

「チュパカブラ」とは、スペイン語で「吸う」という意味の「チュパ」、「ヤギ」という意味の「カブラ」が合わさった言葉だ。このUMAは、英語では「ゴートサッカー（ヤギの血を吸うもの）」ともよばれている。

その正体だが、人工的に動物を変異させたものだとする説がある。ほかにも、病気で毛が抜けたコヨーテなどの見まちがい説もあるが、血を吸う点など、さまざまな証拠がコヨーテと一致せず、最終結論はまだ出ていないのだ。

病気で毛が抜けたコヨーテが正体だという人が多い。

File 3 ニセモノも多いチュパカブラの証拠

近年、「チュパカブラ」の毛や骨とされるものが採取されているが、本物なのか疑わしいものが多い。

また、作り物を使った証拠写真やビデオなどもじつに精巧になってきていて、鑑定にも苦労するという。

正体についても宇宙人説や、「ジャージー・デビル」（→ P14）などのUMAがチュパカブラとして目撃されたなど、年ねん説が増えているという状況だ。何か決定的な証拠が今後出てくることが期待されている。

チバ・フーフィー

かみついて猛毒を注入する危険な巨大グモ

「チバ・フーフィー」はコンゴ民主共和国の奥地の密林に住む巨大な毒グモだ。この名前は先住民の言葉で、「大きなクモ」を意味している。

見た目はタランチュラを大きくしたようで、足を広げるとなんと1.5メートルの大きさになる。足や体には毛が生えている。幼虫のときは全体に黄色っぽいが、成長すると茶色に変化する。かみついた獲物に人間を殺せるほど強力な毒を注入する。ふだんは小鳥や虫、小動物を食べている。

この毒グモは、地表に巣をつくるが、それ以外に地面に穴を掘り、獲物が落ちるのを待つともいわれている。最初に目撃されたのは1938年で、イギリス人の夫婦が、トラックで移動中に目の前を横切るクモを発見。その足の長さは1メートルほどもあったという。また、2001年にはカメルーン共和国の村の近くに「チバ・フーフィー」の巣ができていたという報告もある。

UMAデータ

レア度	★★★		
大きさ	1.5m	場所	森
すがた	タランチュラを大きくしたような体		
特徴	獲物にかみついて毒を注入する		
国・地域	コンゴ民主共和国など		
仮説	クモの突然変異		

四章

UMA事件簿

「チバ・フーフィー」の特徴は体長以外、写真のタランチュラとほぼ同じ。密林で突然変異し大きくなった可能性もある。

水中を泳ぐ全長18メートルの巨大ムカデ

　ベトナム語でムカデを意味する「コンリット」は、東南アジアの各地で目撃されている海に住む未確認生物だ。

　1883年、ベトナムのハロン湾に「コンリット」の死体が打ち上げられた。その大きさはなんと18メートル。全身かたい殻でおおわれており、体は60センチ間隔の節状になっている。ふつうムカデにはいくつも足があるが、この生物にはない。色は頭に近いほうがこげ茶色で、しっぽが緑色。ふだんは水中で生活していると考えられるが、目撃情報が少なく、くわしい生態はわかっていない。ただ、そのすがたから体をくねらせながら水中を移動すると考えられている。

　この「コンリット」はムカデが巨大化したものか、またはかたい殻をもった新種のクジラではないかといわれている。実際、現地では「ムカデクジラ」とよぶこともある。

UMA事件簿

「コンリット」の死体が打ち上げられたハロン湾。目撃証言によればその生物は幅90センチと細長い体をしていたという。

四章 コンリット

UMAデータ

レア度	★★★	特徴	体をくねらせて泳ぐ
大きさ	18m	国・地域	ベトナムなど
場所	海		
すがた	巨大なムカデのよう	仮説	巨大ムカデ、新種のクジラ

日本のUMAは妖怪?

妖怪とは?

妖怪とは、日本でむかしから伝えられてきた、人間の理解を超えた奇妙なできごとや、説明のつかない現象をおこす、動物や植物ではない不思議な存在のことである。

むかし話に登場したり、怪談話として語り継がれるとともに、人や動物に近いすがたをしたものがたびたび目撃され、絵や書物に描かれ、現代に伝えられている。「河童」や「ぬらりひょん」など、聞いたことのある妖怪も多いはずだ。

さまざまな妖怪が登場する「百鬼夜行」の絵。

UMAと妖怪の違い

UMAとは、未発見、未確認の生物のことである。それに対し、妖怪はそもそも生物なのかも不明であり、人間の目の前で消える、別のものに変化するといった超常的な力を見せるときもある。地震や流行り病などの厄災、ちょっとした偶然が訪れると、むかしの人はそれも妖怪の仕業と考えていたそうだ。

地震を起こすといわれている「大ナマズ」の絵。

妖怪と特徴の似たUMA

日本で目撃されたUMAの中には、古くから伝わる妖怪の特徴に似たものたちがいる。

例えば、「ツチノコ」(➡ P44)は野山の妖怪といわれている「野槌」に、すがた、大きさがとてもよく似ている。「野槌」はむかしから目撃情報が多く、あまりに似すぎていることから、現在では同一のものとして考えられている。

「ヒバゴン」(➡ P102)の特徴は、「山童」という山に住む「河童」のような妖怪に似ている。同ページで紹介している「ヤマゴン」や「クイゴン」も含め、これらも同一のものたちのかもしれない。

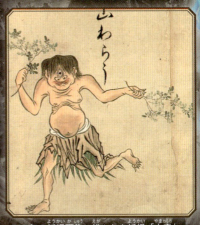

1737年の妖怪画集に描かれた妖怪「山童」。

ほかにも、南極で目撃された「ニンゲン」(➡ P240)を妖怪の「海坊主」、「ヤマピカリャー」(➡ P26)を「化猫」という妖怪の一種とする説もある。

また、「河童」をはじめ、「鬼」、「人魚」など妖怪のミイラとされるものが日本各地に保存されている。これらのミイラには、明らかに現在生存している生物とは異なる特徴が見られる。本物かどうかを調べることは難しいが、ミイラとしてのこるのであれば、これらの妖怪は動物と同じような生物だったのではないかとも考えられる。

「UMA」という言葉がまだ日本になかったころは、多くの未確認生物が妖怪として語られ、伝えられてきたのかもしれない。

1779年の妖怪画集に描かれた妖怪「野槌」。

UMAデータ

- **レア度** ★★★
- **大きさ** 1〜10m
- **場所** 空
- **すがた** ミミズのような細長い体
- **特徴** ぐにゃぐにゃと体をくねらせながら空を飛ぶ
- **国・地域** 世界各地
- **仮説** 宇宙から飛来した生物

フライング ワーム

四章

宇宙から飛んできたミミズ型飛行生物

「フライングワーム」はメキシコを中心に、世界各地で目撃されている虫型UMAだ。ミミズのような細長い体をぐにゃぐにゃとくねらせながら空を飛ぶ。また、体からは強い光を発する。大きさは1～10メートルとさまざま。羽もないのに空に浮かぶことができる不思議な生物だ。

2007年にはメキシコで飛行するすがたが目撃されている。2008年にはイタリアで、やはり飛んでいるのを目撃されているが、このときは虹色に光っていたという。ここ数年、動画や写真によってこの飛行生物がとらえられることが多くなってきた。

また、NASAの宇宙探査機から目撃されたこともあり、「フライングワーム」は宇宙空間でも生きられることがわかってきた。

こうした目撃情報から、多くの研究者が、「フライングワーム」は宇宙から飛来したものだと考えている。

UMA事件簿

飛蚊症という視界にもやもやしたものが映る病気がある。この特徴が「フライングワーム」と似ており、関連を調査中だ。

233

モスマン

ガと人間が合体!?
高速で人を追う恐怖の生物

「モスマン」は1966～1967年に、アメリカのウェストヴァージニア州ポイント・プレザント一帯に出没した未確認生物だ。体長は約2メートルで、全身が毛におおわれ、胸の部分に大きく赤い目がある。背中についた大きなつばさで空を飛ぶことができ、目は赤く飛び出している。コウモリに似た「キィキィ」という鳴き声を出すという証言もある。

第一発見者の証言によれば、ドライブ中にとつぜん赤い目の怪人が自動車を追いかけてきたので、時速160キロでにげたところ、かんたんに追いつかれてしまったという。

また、一説では「モスマン」は人に災いをもたらしたり、ポルターガイスト現象を起こしたりするという

その正体についてはイヌワシなどの見まちがい説がある一方、高速で飛ぶなどの特徴からフライングヒューマノイド（➡P236）との関連も考えられている。

UMAデータ

レア度 ★★★	特徴 時速160km以上の速度で空を飛ぶことができる
大きさ 2m　場所 空	
すがた 毛におおわれ、胸に大きく赤い目がある	国・地域 アメリカ
	仮説 イヌワシ

四章

UMA事件簿

「モスマン」はイヌワシの見まちがい説もとなえられているが、顔の特徴や大きさにかなりの違いが見られる。突然変異なのだろうか。

235

フライング
ヒューマノイド

空をただよう
不気味な人型 UMA

　メキシコで何度も目撃されているエイリアン型UMAが「フライングヒューマノイド」だ。人間に似ているが、首がないという不気味なすがたをしている。空中に浮かんでおり、大きさは推定3メートル程度。空を飛ぶが、つばさや飛行装置はいっさい体につけていない。2004年には警察官がパトロール中に特徴が似た生物に襲撃された。そのすがたは真っ黒で、非常に凶暴だったという。同じような生物は世界各地で発見されている。

UMAデータ

レア度	★★★
大きさ	3m　　場所　空
すがた	体は真っ黒で、首がない人間のよう
特徴	空を飛ぶ。性格は凶暴
国・地域	メキシコ　　仮説　不明

ライトビーイング

肉眼では見ることができないなぞの発光体

2007年の夏にアメリカで撮影された未確認生物が「ライトビーイング」だ。住民が庭先で車を撮影し、写真をあとで見てみると、白く光るなぞの発光体が写っていたという。

写真では大きな耳、両手足、しっぽのようなものが確認できた。その撮影者は肉眼では見えなかったと証言している。正体については、妖精説などがあげられている。実はこのような不思議な発光体は、世界各地でしばしば目撃されている。

UMAデータ

レア度	★★★
大きさ	50～60cm
場所	街
すがた	大きな耳、両手足、しっぽをもつ
特徴	白く光り、肉眼では見えない
国・地域	世界各地
仮説	妖精

シャドーピープル

現れてはすぐに消える！ なぞの影人間

「シャドーピープル」とは2006年からアメリカ各地で目撃されているUMAだ。

そのすがたは真っ黒な影であり、幽霊のように現れては消える。動きは非常にすばやいという。

この「シャドーピープル」を目撃した人はさまざまな奇妙な現象にみまわれるという。高熱などの体調不良になったり、とつぜん爆発音が聞こえたりすることが報告されている。また、目の前で突然地震のように家具などが大きく揺れることもあるという。

黒い影はすぐに消えるため、はじめは目撃者の幻覚や錯覚ではないか、と思われていた。しかし、最近ではビデオなどで撮影されており、実在する可能性が高くなってきた。また、なにかのエネルギーが目に見える形になったものではないかとする説もある。

UMA事件簿

「シャドーピープル」の正体は何なのか。イラストのような、むかしからおそれられている「ゴースト」との関連もうわさされるが真相は不明だ。

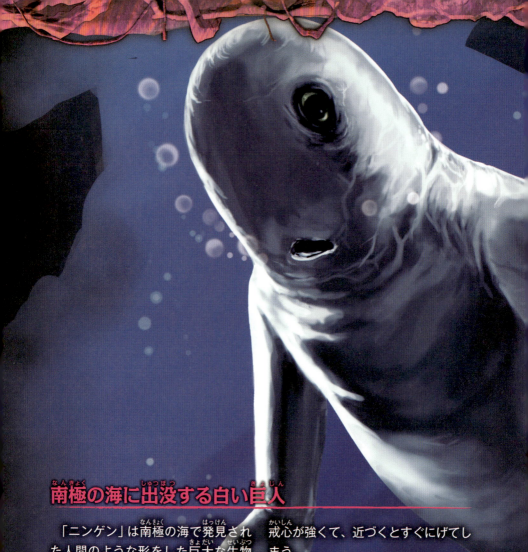

南極の海に出没する白い巨人

　「ニンゲン」は南極の海で発見された人間のような形をした巨大な生物だ。その大きさは20～30メートルほど。全身真っ白で、人間と同じように頭、胴体、手足があり、顔には目と口らしきものがついている。一方、鼻と耳にあたるものは見当たらない。

　中には人間の上半身が2体つながったかたちのものもいる。たまに真っ黒の「ニンゲン」も目撃されているという。性格は攻撃的ではなく、むしろ警戒心が強くて、近づくとすぐにげてしまう。

　この「ニンゲン」は、およそ10年前から日本の南極観測隊や調査捕鯨船に発見されるようになった。海外の調査団もたびたび遭遇しており、世界的に有名なUMAだ。なお、北極でも同じような生物が発見されている。

　その正体だが、水中に突然現れることから、新種のクジラではないかともいわれている。

四章

ニンゲン

UMAデータ

- レア度 ★★★
- 大きさ 20〜30m
- 場所 海
- すがた 人間にそっくりだが、全身が真っ白
- 特徴 警戒心が強く、近づくとすぐにげる
- 国・地域 南極
- 仮説 新種のクジラ

UMA事件簿
ニンゲン

File 1 日本の海に現れる妖怪、海坊主！

「ニンゲン」は南極の海に生息するとされるが、その目撃情報はなぜか日本人によるものが多い。

日本では、むかしから「海坊主」という海に現れる妖怪が知られていて、そのすがたは巨大な人間のようで、「ニンゲン」にかなり近いのだ。ただし、「海坊主」は海を荒らすなどの害があるため、

「ニンゲン」よりたちが悪い。この2つの生物は別の生物なのかもしれないし、「海坊主」が南極に移り住んだ同じ生物かもしれない。

「ニンゲン」とよく似ている妖怪、「海坊主」のすがた。

四章

File 2 ニンゲンの正体とは……

「ニンゲン」は遠くからみると単なる氷山にしかみえないが、よく見ると、皮ふがツルツルしているのがわかる。ちなみに、北極にも似たUMAが出没する。専門家によっては北極の方を「ヒトガタ」とよび、「ニンゲン」とは区別する場合もあるという。

その大きさから全身が真っ白に突然変異したクジラという説もある。また「フライング・ヒューマノイド」（➡P236）と同一であるとされることもある。

海中の氷山に「ニンゲン」は潜んでいるのかもしれない。

File 3 衛星写真に映り込んだ「ニンゲン」

2007年、地球の周りを飛ぶ人口衛星から送られてきた画像に、白い生物が映り込んでいると話題になったことがある。

場所はアフリカ南部ナミビアの西海岸沖合。その大きさは約18メートルで、「ニンゲン」のすがたに近い。現在は見ることができないが、久しぶりのUMA出現のニュースは世界中で取り上げられた。ただし単なる波しぶきである可能性も高く、その真偽はわかっていない。

243

UMAデータ

レア度	★★
大きさ	1.2m
場所	街
すがた	頭部が異様に大きい。顔には目しかない
特徴	人間をじっと見つめる
国・地域	アメリカ
仮説	実験動物、地球外生命体

ドーバー・デーモン

住宅地に突然出現! 鼻も耳もない生物

　アメリカのマサチューセッツ州にある高級住宅地、ドーバーに現れた未確認生物が「ドーバー・デーモン」だ。
　最初の目撃証言は1979年4月の深夜。3人の少年が近くのへいの上に見慣れぬ生物を発見した。
　それによると、人間のようなすがたをしているが、頭部が異様に大きく、顔に目以外のパーツはなかった。目はあやしく光り、その目でじっと見つめられたという。さらにこの生物はサルのように腕が長く、3〜5本の細長い指も確認することができた。
　このUMAは「ドーバー・デーモン」とよばれるようになり、その後も住宅地のあちこちに出現、大騒ぎになったという。
　正体に関してはペットのサル説や逃亡した実験動物説があるが、有名なエイリアンの「リトルグレイ」とよく似ていることから、地球外生命体説をとなえる人もいる。

UMA事件簿
目撃証言から写真のようなエイリアンの一種であるリトルグレイなどの地球外生命体の可能性もある。身長は小柄な人間ほどで頭部が大きいなど共通点が多い。

エクスプローディング・

たたくと爆発してしまうおそろしいヘビ

ロシアの南西部、カスピ海の沿岸にあるカルムイキア共和国にいるとされる奇怪なヘビが「エクスプローディング・スネーク」だ。

直訳すると「爆発ヘビ」となるが、その名のとおり、棒などでつっついたり、たたいたりすると突然破裂してしまうという。

しかも、その後にはネバネバした布きれのようなものがのこり、ヘビはあとかたもなく消えてしまうというから不思議だ。その布というのは皮ふの可能性が高い。

正体は、ミミズによく似ていること

四章

UMA事件簿

外から刺激を受けると爆発するジバクアリ。「エクスプローディング・スネーク」はこれと同じ構造をもつのかもしれない。

スネーク

から、無脊椎動物ではないかという説が有力だ。

また、爆発に関しては、たたくことで生物の体の中にガスがたまり、爆発の原因になると考えられている。

しかし、目撃情報も非常に少ないため、本当のところはわかっておらず、今後の調査が待たれる。

UMAデータ	
レア度	★★★
大きさ	60cm
場所	不明
すがた	ヘビやミミズに似ている
特徴	たたくと爆発する
国・地域	ロシア
仮説	無脊椎動物

247

ヒューマノイド型UMA

不気味なすがたで密林を歩きまわる人型UMA

2014年、ブラジルの密林で目撃された比較的新しい未確認生物が「ヒューマノイド型UMA」だ。

大きさは50センチほどで体重は20キロと、人間の子どもぐらいのサイズ。頭が大きくて、かなりアンバランスな体型をしている。

顔には鼻や口らしきものはあるが目がなく、皮ふはツルツルしている。四足歩行で進み、その動きは動物に近い。

目撃証言によれば、なぜか腐った肉を好んで食べるという。アマゾンには未知の生物がいまだにたくさんいることから、新種の生物ではないかと考える人が多い。

ただ現地では、アルゼンチンに古くから伝わる伝説の怪物「ロビンソン」ではないかといわれている。

目撃情報は少ないが、実際にビデオ撮影されており、インターネットではこのUMAの映像が流され、その不気味さが注目されている。

UMAデータ

レア度	★★★	
大きさ	50cm	場所 森
すがた	人間に似ているが目がなく、皮ふはツルツルしている	
特徴	4本足で歩く。腐った肉を好んで食べる	
国・地域	ブラジル	仮説 新種の生物

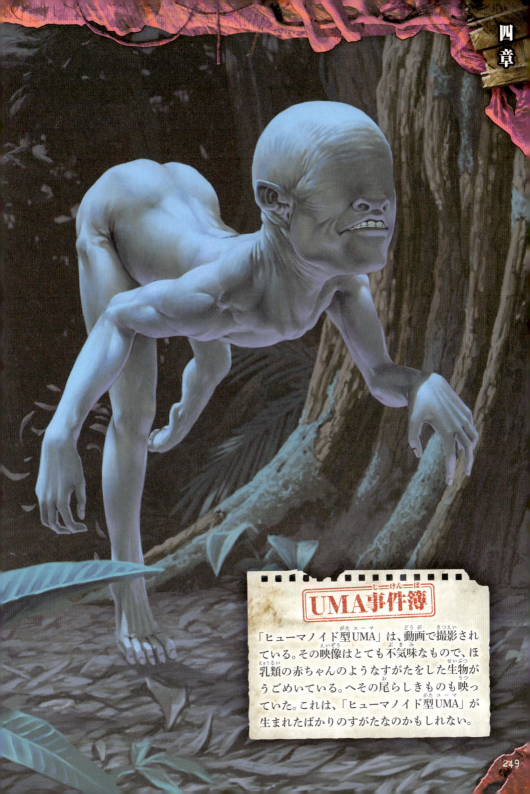

UMA事件簿

「ヒューマノイド型UMA」は、動画で撮影されている。その映像はとても不気味なもので、ほ乳類の赤ちゃんのようなすがたをした生物がうごめいている。へその尾らしきものも映っていた。これは、「ヒューマノイド型UMA」が生まれたばかりのすがたなのかもしれない。

モンゴリアン・デス・

砂漠にひそみ人間をおそう危険生物

モンゴルのゴビ砂漠周辺に生息する巨大なミミズやイモムシのような未確認生物。そのすがたがウシの腸に似ているため、現地ではオルゴイコルコイ（腸虫）ともよばれている。

体長は約60センチだが、大きくなると1.5メートルまで巨大化する。頭部はなく、胴に直接ついた丸い口を大きくあけ獲物を飲み込む。体の色は赤みがかっているが、なかには発光するすがたを目撃した人もいる。

性格は凶暴できわめて危険。その生態はあまりわかっていないが、ふだんは穴のなかにいて、砂漠に雨がふる時

ワーム

期にあらわれるという。
　毒をもつ植物を食べ、その成分を体内にためて毒液として獲物にかける。実際にその毒で死者も多数出ているというからおそろしい。
　また、離れていても電流のようなものを発しショック攻撃を与えるという説もある。

UMAデータ

レア度	★★★
大きさ	60cm～1.5m
場所	砂漠
すがた	体の色が赤みがかった巨大なミミズやイモムシ
特徴	毒を獲物に吹きつける
国・地域	モンゴル
仮説	ミミズ、電気ウナギ

UMA事件簿
モンゴリアン・デス・ワーム

File 1　7メートルもの巨大ミミズの仲間？

「モンゴリアン・デス・ワーム」の正体は、ミミズトカゲ、ミミズなどさまざまな生物が候補としてあげられている。また、電気ショック攻撃を行うことから、デンキウナギの一種ではないかとする説もある。

一方、写真の世界最大のミミズといわれるミクロカエトゥス・ラピの仲間だといううわさもある。

南アフリカに生息するこのミミズは、最大7メートル近くまで成長するといわれるので可能性は高い。その、関連性は調査中だ。

巨大ミミズ、ミクロカエトゥス・ラピの写真。

File 2 各国の科学者が調査を行っている

「モンゴリアン・デス・ワーム」が最初に発見されたのが1800年代の初頭。ロシアの科学者たちによって見つけられ、調査が行われた。このときは、その毒により数百人が死亡したといわれている。しかし、ロシア国内の事情により、調査は中止されてしまった。

その後、調査が再開されるようになると、1990〜1992年にはチェコの動物学者が現地で多くの目撃談を集めた。近年ではほかの国ぐにも調査を行い、真相解明に力を入れている。

生息地と言われているゴビ砂漠。広大で調査が難しい。

File 3 多くの死者を出した攻撃とは

大勢の死者を出した「モンゴリアン・デス・ワーム」の毒液。蒸気状で黄色く、さわるとまるで火で焼かれるような強い痛みを感じるといわれている。この毒は、なぜか7月を過ぎると毒性が弱くなるという。「モンゴリアン・デス・ワーム」が食べている物や雨季などの天候が関係しているかもしれない。

また、電流のような攻撃をするというが、学者の中では否定的な意見も多く、なぞが多いUMAだ。

UMA生息マップ

ヨーロッパ各国
- クラーケン　P176

ノルウェー
- セルマ　P142

イギリス
- エイリアン・ビッグ・キャット　P50
- 野生のハギス　P64
- オウルマン　P76
- ネッシー　P162
- モーゴウル　P192
- ベーヒアル　P220

アイルランド
- ドアル・クー　P40
- ペイステ　P182

スウェーデン
- スクヴェイダー　P18
- ストーシー　P149

アイスランド
- スクリムスル　P174

モンゴル
- モンゴリアン・デス・ワーム　P250

中国
- 野人　P118
- ニンボー　P180
- 太歳　P216

オーストリア
- タッツェルヴルム　P70

タイ
- ナーガ　P144

トルコ
- ジャノ　P130

フランス
- ジェヴォーダンの獣　P58

ネパール
- イエティ　P80

フィリピン
- アスワン　P108

イタリア
- フライングホース　P65

インド
- モンキーマン　P120
- ナーガ　P144

ガンビア共和国
- ジーナ・フォイロ　P54
- ニンキナンカ　P132

ベトナム
- コンリット　P228

ケニア共和国
- ナンディベア　P34

マレーシア
- トヨール　P200

セネガル共和国
- ジーナ・フォイロ　P54

カメルーン共和国
- オリチアウ　P32

ザンビア共和国
- コンガマトー　P52

インドネシア
- オラン・イカン　P84

コンゴ民主共和国
- エメラ・ントゥカ　P66
- モケーレ・ムベンベ　P194
- ンデンデキ　P210
- チパ・フーフィー　P226

南アフリカ共和国
- グローツラング　P48
- バウォコジ　P106
- トランコ　P140
- インカニヤンバ　P158

南極
- 南極ゴジラ　P190
- ニンゲン　P240

世界中から目撃情報が報告されているUMAたちの生息地を、世界地図上で見てみよう。種類別の報告例がいちばん多い国は、どうやらアメリカのようだ。

ロシア
- アルマス　P124
- ハイール湖の怪獣　P184
- エクスプローディング・スネーク　P246

カナダ
- ビッグフット　P98
- テティス湖の半魚人　P112
- キャディ　P160
- オゴポゴ　P168

世界各地
- 翼ネコ　P20
- シーサーペント　P134
- スカイフィッシュ　P202
- グロブスター　P204
- フライングワーム　P232

日本
- ヤマピカリャー　P26
- ツチノコ　P44
- イノゴン　P53
- ヒバゴン　P102
- ナミタロウ　P154
- クッシー　P170
- イッシー　P172

アメリカ
- ジャージー・デビル　P14
- ビッグバード　P20
- サンドドラゴン　P24
- ゴウロウ　P30
- ジャッカロープ　P56
- スカンクエイプ　P78
- ヒツジ男　P86
- リザードマン　P92
- ビッグフット　P98
- ミシガンドッグマン　P104
- フロッグマン　P107
- フォウク・モンスター　P116
- ハニー・スワンプ・モンスター　P126
- チャンプ　P138
- メンフレ　P188
- フラットウッズ・モンスター　P212
- ナイト・クローラー　P218
- チュパカブラ　P222
- モスマン　P234
- ライトビーイング　P237
- シャドーピープル　P238
- ドーバー・デーモン　P244

メキシコ
- フライングヒューマノイド　P236

バハマ国
- ルスカ　P152

ベネズエラ
- モノス　P88

パプアニューギニア
- ローペン　P42
- ミゴー　P148

オーストラリア
- ヨーウィ　P94

パラグアイ
- カーバンクル　P28

アルゼンチン
- ナウエリート　P150

ニュージーランド近海
- ニューネッシー　P191
- カバゴン　P173

チリ
- タギュア・タギュア・ラグーン　P62
- チリの翼竜型UMA　P68

ブラジル
- マピングアリ　P16
- バヒア・ビースト　P110
- ミニョコン　P208
- ヒューマノイド型UMA　P248

●監修者

天野 ミチヒロ [あまの みちひろ]

1960年、東京生まれ。UMAを調査・研究する「怪獣特捜U-MAT」隊長。UMAフィギュアの制作監修。著書『本当にいる世界の未知生物UMA案内』(笠倉出版)、『未確認生物学!』(武村政春共著、メディアファクトリー)、『放送禁止映像大全』(文春文庫)ほか多数。出演歴『ホンマでっか!?TV』(フジテレビ)、『奇跡体験!アンビリバボー』(フジテレビ)、『たけしの等々力ベース』(BSフジ)、DVD『宮内洋探検隊の超常現象シリーズ 幻の生物ツチノコを捕まえろ!』(角川ヘラルド映画)など。昭和の怪獣映画・特撮番組マニア。好きなUMAはネッシー、フラットウッズ・モンスター。

●資料提供	●イラスト
アフロ	合間太郎
ユニフォトプレス	gozz
ピクスタ	坂井結城
iStock/Getty Images	精神暗黒街こう
暁商事　小売販売事業部　ミリオン	なんばきび
インドネシア文化宮	ムービク
魚津水族館	羽倉房
株式会社コアボックス	
(株)帆船模型スタジオM	●デザイン・DTP
古世界の住人	芝 智之(スタジオダンク)
白馬山麓国民休養地運営協議会	山岸 蒔(スタジオダンク)
tey	北川陽子(スタジオダンク)
Fair Dinkum Seeds	李雁(スタジオダンク)
(有)比婆観光センター　澤井寿男	
	●編集協力
	持田桂佑(スタジオボルト)
	千葉裕太(スタジオボルト)
	穂積直樹

大迫力! 世界のUMA 未確認生物大百科

- ●監修者 ───── 天野 ミチヒロ [あまの みちひろ]
- ●発行者 ───── 若松 和紀
- ●発行所 ───── 株式会社西東社

〒 113-0034 東京都文京区湯島 2-3-13
営業部：TEL (03) 5800-3120　　FAX (03) 5800-3128
編集部：TEL (03) 5800-3121　　FAX (03) 5800-3125
URL：http://www.seitosha.co.jp/

本書の内容の一部あるいは全部を無断でコピー、データファイル化することは、法律で認められた場合をのぞき、著作者及び出版社の権利を侵害することになります。
第三者による電子データ化、電子書籍化はいかなる場合も認められておりません。
落丁・乱丁本は、小社「営業部」宛にご送付ください。送料小社負担にて、お取替えいたします。
ISBN978-4-7916-2487-4